U0162587

"芯"路丛书

● 复旦大学 组 编
张 卫 丛书主编

"芯"想事成

集成电路的封装与测试

刘子玉 著

上海科学普及出版社

图书在版编目（CIP）数据

“芯”想事成：集成电路的封装与测试 / 刘子玉著；复旦大学组编．
-- 上海：上海科学普及出版社，2022.10
（“芯”路丛书 / 张卫主编）
ISBN 978-7-5427-8278-6

Ⅰ．①芯… Ⅱ．①刘… ②复… Ⅲ．①集成电路工艺—封装工艺—青少年读物 ②集成电路—电路测试—青少年读物 Ⅳ．① TN405-49 ② TN407-49

中国版本图书馆 CIP 数据核字 (2022) 第 150995 号

出 品 人 张建德
策　　划 张建德　林晓峰　丁　楠
责任编辑 张建青　丁　楠
装帧设计 赵　斌

“芯”想事成
——集成电路的封装与测试
刘子玉　著
上海科学普及出版社出版发行
（上海中山北路 832 号　邮政编码　200070）
http://www.pspsh.com

各地新华书店经销　启东市人民印刷有限公司印刷
开本 720×1000　1/16　印张 9.5　字数 150 000
2022 年 10 月第 1 版　2022 年 10 月第 1 次印刷

ISBN 978-7-5427-8278-6　定价：62.00 元

序 言

当今世界，芯片驱动世界，推动社会生产，影响人类生活！集成电路，被称为电子产品的“心脏”，是信息技术产业的核心。集成电路产业技术高度密集，是人类社会进入信息时代、智能时代的重要核心产业，是一个支撑经济社会发展，关系国家安全的战略性、基础性和先导性产业。在我们面临“百年未有之大变局”的形势下，集成电路更具有格外重要的意义。

当前，人工智能、集成电路、先进制造、量子信息、生命健康、脑科学、生物育种、空天科技、深地深海等前沿领域都是我们发展的重要方面。在这些领域要加强原创性、引领性科技攻关，不仅要在技术水平上不断提升，而且要推动创新链、产业链融合布局，培育壮大骨干企业，努力实现产业规模倍增，着力打造具有国际竞争力的产业创新发展高地。新形势下，对于从事这一领域的专业人员来说既是一种鼓励，更是一种鞭策，如何更好地服务国家战略科技，需要我们认真思索和大胆实践。

集成电路产业链长、流程复杂，包括原材料、设备、设计、制造和封装测试等五大部分，每一部分又包括诸多细分领域，涉及的知识面极为广泛，对人才的要求也非常高。高校是人才培养的重要基地，也是科技创新的重要策源地，应该在推动我国集成电路技术和产业发展过程中发挥重要作用。复旦大学是我国最早从事研究和发展微电子技术的单位之一。20世纪50年代，我国著名教育家、物理学家谢希德教授在复旦创建半导体物理专业，奠定了复旦大学微电子学科的办学根基。复旦大学微电子学院成立于2013年4月，是国家首批示范性微电子学院。

“‘芯’路丛书”由复旦大学组织其微电子学院院长、教授张卫等从事一线教学科研的教授和专家组成编撰团队精心编写，与上海科学普及出版社联手打造，丛书的出版还得到了上海国盛（集团）有限公司的大力支持。丛书旨在进一步培育热爱集成电路事业的科技人才，解决制约我国集成电路产业发展的“卡脖子”问题，积极助推我国集成电路产业发展，在科学传播方面作出贡献。

该丛书读者定位为青少年，丛书从科普的角度全方位介绍集成电路技术和产业发展的历程，系统全面地向青少年读者推广与普及集成电路知识，让青少年读者从感兴趣入手，逐步激发他们对集成电路的感性认识，在他们的心中播撒爱“芯”的“种子”，进而学习、掌握“芯”知识，将来投身到这一领域，为我国集成电路技术提升和产业创新发展作出贡献。

本套丛书普及集成电路知识，传播科学方法，弘扬科学精神，是一套有价值、有深度、有趣味的优秀科普读物，对于青年学生和所有关心微电子技术发展的公众都有帮助。

中国科学院院士

2022年1月

目 录

第一章 芯片封装测试的发展史
——芯片的“梳妆打扮” / 1

封装测试的诞生及概念 / 1
封装的作用及重要性 / 3
封装技术的驱动力 / 6
封装的分类 / 10

第二章 封装工艺流程
——芯片“穿衣装扮”的顺序 / 18

磨片减薄 / 19
晶圆切割 / 20
芯片贴装 / 22
芯片键合 / 互连 / 25
塑封成型 / 29

第三章 典型的框架型封装技术
——芯片的“古装” / 31

通孔插装（Through Hole Packaging，THP） / 32
表面贴装（Surface Mount Technology，SMT） / 40

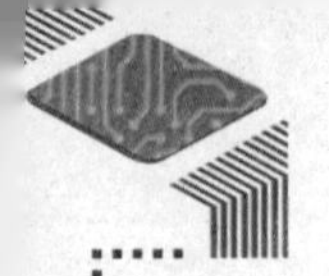

第四章　典型的基板型封装
——芯片的“中山装”　/　48

球栅阵列封装（BGA）/　48
芯片尺寸封装（CSP）/　59

第五章　多组件系统级封装
——“多胞胎的混搭套装”　/　71

多芯片组件封装（MCM）/　71
系统级封装（SiP）/　81

第六章　三维封装（3D Packaging）
——新兴的“立体服饰”　/　91

三维封装的出现背景　/　91
三维封装的形式及特点　/　93
三维封装技术的实际应用　/　102
三维封装的未来　/　104

第七章　先进封装技术
——日新月异的“奇装异服”　/　105

晶圆级封装（Wafer Level Package，WLP）/　105
芯粒技术（Chiplets）/　112
微机电系统封装　/　118

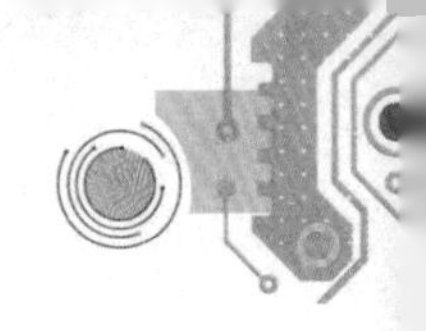

第八章　封装中的测试
——“试衣找茬”　/　125

测试定义及分类　/　125
可靠性测试　/　130

参考文献　/　139

第一章　芯片封装测试的发展史
——芯片的“梳妆打扮”

集成电路的封装就像芯片的衣服一样，为芯片提供保护。就像婴儿是在呱呱坠地之后才穿上衣服一样，芯片封装测试也是在晶体管出现之后才出现的。那么，我们现在就沿着晶体管发展的路线，梳理一下封装测试从诞生到不断成熟的发展史。

封装测试的诞生及概念

芯片的封装测试是什么时候出现的？我们只能遵循晶体管和集成电路的起源，来找一找封装测试的诞生痕迹，最后确定一下封装测试“出生”于何年何月。

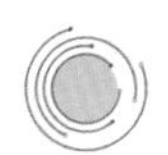

封装测试的诞生

1947 年，贝尔实验室发明了第一个点接触型锗晶体管，自此半导体晶体管的时代来临了。1958 年，在德州仪器公司产生了第一块锗集成电路，自此集成电路的时代来临了。为了测试这些电子元器件，都连接了引线、测试边框和衬底，这些结构在广义的封装概念里面都属于封装。从这个角度说，封装测试在 20 世纪 50 年代就诞生了，这个推论正确的前提是广义的封装概念。因此，为了确定这个推论的正确性，我们必须先定义封装测试的概念。

在这里要给读者先明确一些芯片的概念，一类是芯片上只包括二极管、晶体管（又分为双极型晶体管、场效应晶体管等）的分立器件芯片，另一类是芯片上包括多个上述提及的器件以及互连线的集成电路芯片。这个分立器件可以直接封装，而组合成的集成电路也可以封装，所以在不区分芯片上的器件是分立单器件或集成电路时，封装类型可能是都适用的，但后面有一些封装类型可能只适合分立器件，或者只适合集成电路。

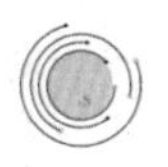

封装测试的概念

然而，很多开发者开始的时候并不希望半导体芯片有封装。原因是封装不仅给芯片制造带来了成本问题，还可能因为不合适，造成芯片性能退化。就像人穿了不合适的衣服会变丑、变胖一样。例如 1960 年 IBM 开发的倒装芯片（Flip Chip，FC）技术，就试图将芯片直接连接在印刷电路板（Printed Circuit Board，PCB）上，而外在不加任何的保护材料。但是这种想法，由于多种原因，如芯片本身很容易碎裂、金属线容易污染等原因没有得到广泛应用，但 FC 技术一直作为先进的封装技术广泛应用着。其实，从广义封装概念来说，电子元器件中除了芯片以外的所有部分都是封装，那么 IBM 开发的这款 FC 技术其实也是封装的一部分。事实确实如我们所料，现代的所有介绍封装类的书籍和记录中都把 FC 技术作为封装的芯片互连技术的一种，后面我们将会详细介绍。

在这里封装测试的概念就非常重要了，准确的定义有利于我们梳理封装的发展史。国际信息工程先进技术译丛中的《高级电子封装》一书里明确给出了电子封装的概念：电子封装可以看作是电子结构的一部分，它用于保护电子和（或）电气元器件不受环境的干扰，同时也可防止电子和（或）电气元器件污染其所在的环境。封装除了保护芯片及所在的环境外，还必须充分发挥元器件的作用，能够使元器件实现完整的功能。此书中也把一条电线的绝缘材料作为封装来举例。由此可见，这就是广义封装测试的概念。

由于集成电路的封装测试分为不同的等级（0 级到高级，0 级就是半导体芯片上的门电路到门电路的互连，高级就是多个封装体组成的组件基架再进行的组装），也分为不同类型，这就导致有些人把封装测试仅定义为某一级

封装或者某一种封装，这也是狭义封装测试概念的来源。一种狭义的封装测试概念就是利用膜技术及微细加工技术，将芯片及其他要素在框架基板上布置、粘贴固定及连接，引出接线，并通过可塑性绝缘介质灌封固定，构成整体立体结构的工艺。这种概念应该是源于塑料封装，后面在封装分类中会详细讲到塑料封装的工艺。另外一种稍微广义一点的概念，封装测试就是封装工程，是指封装体和基板连接固定，装配成完整的系统或者电子设备，并确保整个系统的综合性能的工程。这种稍微广义一点的封装测试概念主要源于 1 级、2 级和 3 级封装给出的定义，关于封装等级的具体含义可以参照《高级电子封装》一书。

根据以上的封装测试概念，我们发现原来封装测试和集成电路的诞生基本一致，也为集成电路的发展做出了很大的贡献，并不是画蛇添足的无用之辈啊。

那封装到底有什么神奇作用，让芯片不得不穿上这层外衣呢？下面我们就细数一下芯片神奇外衣的作用。

封装的作用及重要性

封装既然是芯片的“衣服”，那就必须根据芯片的作用不同，选取不同的“衣服”。我们熟悉的集成电路，其芯片类型可以根据作用不同划分成数字电路芯片、模拟电路芯片、射频芯片、高功率芯片、存储芯片等，这些芯片应用于通信领域（如手机的射频芯片、基带天线），电能转换装置（如冰箱等家电的电源、高铁的电源等），智能生活（如手机麦克风、指纹识别器等），以及手机的各种处理器、存储器、滤波器、开关等，这些不同功能的芯片都存在自己特殊的应用，因此封装也会增加相对应的要求，从而更好地保护芯片，充分发挥芯片的特殊作用。总结起来，封装的作用可以归为以下四类。

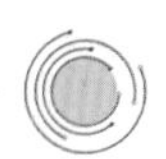

信号分配和电源分配

以上提到的所有芯片类型，为了封装后芯片能够正常工作，必须保证电学性能不受影响。因此，信号分配是将芯片互连并通过最短的布线引出到封

装外部，不改变芯片上的信号，并尽可能地降低信号延迟，这就是封装的第一大作用。图 1.1（a）是 Intel 公司制造的世界上第一颗微处理器芯片的封装，笔者没有找到这颗芯片打开的样子，但是找到了相同类型的封装打开后芯片表面连线的形式。图 1.1（b）就是一种传统通孔插装式封装内部的芯片与封装引线框架进行电学连接的方式，其中有些引线的作用就是信号分配。信号分配是把芯片上的信号通过布线引出来，就像给人接假发、假睫毛一样，是在芯片原来布线的基础上引出的布线。

图 1.1（b）中的一部分是信号分配引线，那么另外一些引线的作用是什么呢？就是给芯片供电，让芯片能够正常运行，即电源分配。这些引线的作用与前面那部分引线作用不同，但是在封装工艺中是同时完成的，所以本节把这两个作用放在一起，更加便于理解。电源分配是为了让芯片与电源连通，同时也要让芯片上不同结构获得不同电源电压。通过合理分配电源，可减少不必要的电源损耗，也可使芯片不同结构都正常工作。

本节只是以引线为例来具体化说明封装的信号分配和电源分配的作用，但实际芯片上的布线通过引线引出后，还要连接到引线框架，后面通过外引脚最终连接到 PCB 板的布线上，然后才能和系统电源连接。就像芯片外面有很多层“衣服”，有很多“首饰”，只有这些都“穿戴整齐”后才能完成所有功能，而封装中的信号分配和电源分配作用一直都存在。

（a）

（b）

图 1.1　通孔插装式封装

（a）Intel 公司发布的世界上第一款微型处理器 4004；（b）传统双列插装式芯片引线方式。

散热通道

随着电子产品的功能增多，封装体中的芯片数目也不断增多。根据简单的焦耳热公式可以知道芯片随着工作时长不断产热，芯片越多产热就越多。那么封装体的散热功能就越来越重要。这类似于游乐园的大型玩偶里装了三个人，必须增加散热才能防止大家中暑。因此，封装的第二个重要作用就是采用不同材料和结构将芯片产生的热散发出去。对于特殊的芯片，如高功率芯片的封装，还需要额外增加散热片，或者附加风冷、水冷等方式进行散热，从而保证芯片工作时整个封装系统温度不会升高。

机械支撑

芯片是很脆弱的，特别是超薄硅芯片、传感器执行元件等，因此封装需要为芯片和其他结构提供可靠的机械支撑，同时还不能破坏芯片的功能，帮助芯片适应各种环境。图 1.1（b）中芯片就是放在能够有支撑作用的陶瓷管壳腔体内，然后通过引线连接到框架上，实现信号分配。这就是机械支撑很好的例子，封装不仅能很好地支撑芯片，还能很好地提供信号、电源等分配。

随着电子产品的小型化，也就是人们希望我们生活用的电子产品越来越小，这就要求芯片厚度也需要越来越薄，使得封装体越来越薄。图 1.2 给出了减薄的晶圆封装的示意图。其中，图 1.2（a）是晶圆上制备了晶体管后的图片。图 1.2（b）是晶圆减薄后，划分成一个个芯片。减薄后的晶圆很脆弱，如果没有框架的支撑根本无法保证使用寿命。因此，采用图 1.2（c）所示的封装方式进行机械支撑。其中封装体中的贴盘是封装框架的一部分，专门用来承载芯片，保证形成塑料封装的过程中芯片不会移动，引线键合不会受到拉伸压缩而破坏。而塑料封装的这个塑料树脂外壳进一步支撑保护芯片，固定芯片位置，防止芯片受外力冲击受损。

因此，封装中的一些结构是专门为芯片提高机械支撑效能而设计的。

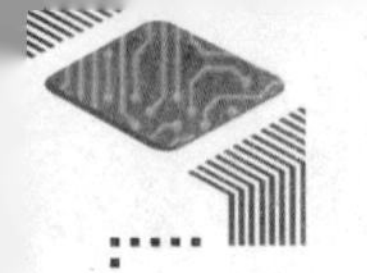

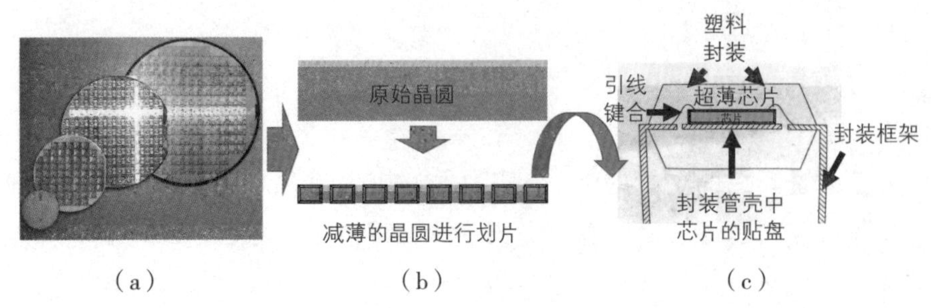

图 1.2　超薄芯片封装的支撑作用展示

(a) 制备好的晶圆;(b) 晶圆减薄示意图;(c) 超薄芯片封装截面示意图。

环境保护

环境保护是防止芯片电学参数和使用寿命受外界因素影响的关键措施，因为没有封装的芯片对外界的温度、湿度和压力等很敏感，导致其信号稳定性、可靠性和使用寿命等都会相应降低。这项防护功能在传感器封装中显得更为重要，因为封装需要为传感器的执行元件提供各种环境保护，包括密封、真空、液体流动通道等。同时，封装也要防止传感器中的液体或者气体污染传感器所在的外部环境。由于不同传感器需要不同的环境保护，这导致没有通用型的传感器封装方法，基本都是一款传感器对应一种封装方法。因此，传感器封装的成本一般占总成本的 50%~90%。后面会详细介绍有关智能传感器的封装方法。

从上述说明可知，封装的作用是非常大的。那么，是不是只要满足以上所有要求，就可以一劳永逸了，封装就不需要发展了呢？要回答这个问题，就让我们先来看看封装发展的驱动何在，看看究竟是什么因素在推动封装不断进步。

封装技术的驱动力

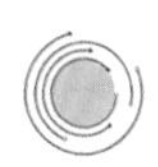

集成电路集成度驱动

集成电路在 1958 年刚刚出现的时候，锗基板上只有一个晶体管，三个电阻和一个电容，功能就是进口端接在示波器，然后输出震荡波形。因此，

封装也就只有四条导线，只需要满足信号分配的作用。相当长的一段时间，引线键合技术都能满足这类集成电路的需求。

后来，集成电路的应用越来越广泛。1960 年，第一个金属 - 氧化物 - 半导体场效应晶体管（Metal-Oxide-Semiconductor Field Effect Transistor，MOSFET）出现了。从此开始，根据摩尔定律预测，集成电路上 MOSFET 的特征尺寸每 2 年减小至原来的一半。即集成电路上特征尺寸越来越小，集成度越来越高，也就是芯片上的工作单元越来越多。目前，一块芯片上可以有多达百亿个晶体管，例如华为海思麒麟 9000 芯片上就有多达 153 亿个晶体管。因此，封装的第一个作用——信号分配的要求也不断提高，引线键合的个数已无法满足要求，芯片的"衣服"需要更新了，因为芯片太大，穿不了原来的小"衣服"了。图 1.3 所示的麒麟 9000 芯片的封装方式是球栅阵列封装（Ball Grid Array，BGA）。其中，白色点就是焊球，黑色板就是塑料封装的管壳，这些在后面章节都会详细介绍。

综上可知，封装的飞速发展是集成电路不断提高的集成度推动的。

图 1.3　华为麒麟 9000 芯片

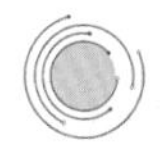 系统发展驱动

随着智能时代的来临，集成电路系统的尺寸越来越小，但系统里的元器件却越来越多，整个系统的功能也随之增多。因此，封装尺寸必定越来越小，功能却越来越多，集成芯片的类型也就越来越多。这些芯片包括前面提到的

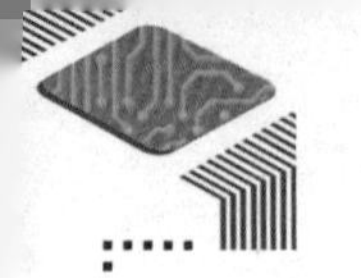

数字芯片、模拟芯片、高功率芯片、射频芯片、传感器芯片、无源器件等，这些在图 1.4 所示的三维异质集成示意图里面都有体现。由于这些芯片的功能很多，导致封装需要满足的需求增多，比如同时满足散热好、可靠性高、耐高温、环保等需求。但是，现有的封装技术很难同时满足这些需求，因此封装相关研究者就必须不断革新封装技术，使得封装能够满足越来越多的需求。这些新型封装技术包括封装设计、封装结构、封装材料、封装工艺（互连技术、基板技术等）和测试技术等。

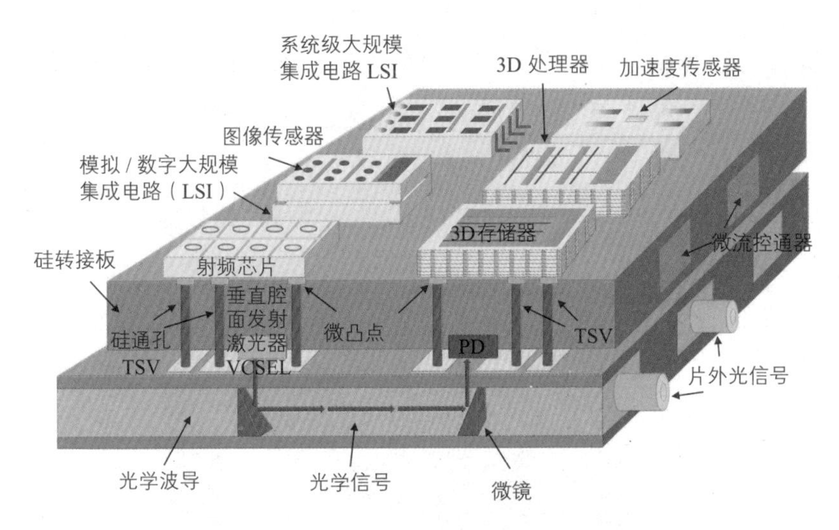

图 1.4　基于硅通孔技术的三维混合集成示意图

本节只是以集成电路系统目前的需求为例子，表明了封装向前发展的驱动力之一就是系统发展需求。但实际上，从集成电路出现开始，整个系统的功能就在不断增加，而系统在不断缩小，即集成电路系统一直都在发展，所以封装技术一直都在不断向前发展。只是近年来由于集成电路的特征尺寸，即芯片上晶体管的最小尺寸，已经接近物理极限（目前报道的是 2 nm），无法继续缩小，导致半导体行业的产学研各界人士都将目光转向三维封装，希望通过封装进一步利用已有芯片更进一步提高系统的性能，减小系统的尺寸。这个现象就像我们现在衣服都做好了，也没有新布料了，但是我们还想要新衣服，怎么办呢？可以考虑重新搭配衣服、重新剪裁组合、开发基于多层衣服的汉服，等等。

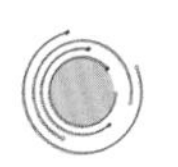

成本驱动

前面我们指出封装发展的驱动力之一是系统性能要求越来越高，就像我们想不断更换各种各样的新衣服一样。但除此之外，我们还希望新衣服比较便宜，也就是降低成本。集成电路这个生态系统也是如此，虽然消费者希望集成电路系统的功能增多，但是不希望成本提高，不然买不起。因此，产业界就希望研究者能够开发成本低的集成电路系统。为了降低系统总成本，芯片的成本需要降低，封装成本更需要降低，那么就必须开发成本低的封装技术，这也是封装技术进一步发展的驱动力。1999 年存储器类的芯片封装互连的价格是 0.40~1.90 美分 / 互连线，到 2017 年的时候价格是 0.15~0.31 美分 / 互连线，价格下降了很多，但功能需求却还在增加。所以这就驱动着封装技术必须不断革新，不断减小系统尺寸，降低系统成本。

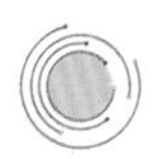

市场需求驱动

集成电路产业由于其投入高，早就被大家看作是“吞金”行业。目前，建一条具有先进生产能力的集成电路生产线成本高达百亿美元。其中一台荷兰阿斯麦（ASML）公司生产的 EUV 光刻机价格高达 1 亿多美元。但是，集成电路的高新技术又在日新月异地发展，每年芯片产量都在增加，集成电路应用的领域也在不断增加，从智能手机到智能家居、智能医疗，智能时代极大地提高了集成电路产品的需求。因此，集成电路产业的利润也在不断提高，全世界各大公司都在集成电路产业链上开发自己的技术、获取自己的利润。

由于市场对集成电路产品的强大需求，集成电路封装业也已不再是芯片公司的附属，出现了众多的封装公司，包括日月光（ASE）、安靠（Amkor）、矽品（SPIL）、力成（PTI）及京元电（KYEC）等，以及中国的三大封测公司江苏长电（JCET）、天水华天（HuaTian）、通富微电（TFME）。这些公司直接服务于芯片公司，形成了强大的集成电路封装产业。集成电路产品的强大市场需求和封装产业共同推动着封装技术不断地发展。

近40年来，为了向市场提供品种多、价格低、质量好的电子产品，封装已经从简单双列直插式封装（DIP）发展到多组件封装（MCM）、系统级封装（SiP），互连技术也从引线键合（WB）发展到倒装焊球（FC）、铜凸点。后面我们将详细介绍这些封装技术，以及相关的互连技术。

简单地理解这些封装，就相当于人的衣服最开始只是披在身上的树皮，后来演化成动物皮，再后来变成各种编织技术编制而成的棉麻类衣服，直至现今用各种面料设计制作而成的款式多样的服装。而封装整体就像一套衣服，而互连技术就是衣服的编织方法，封装材料就是衣服的布料，封装设计就是衣服的造型及设计。如此，我们就可以很轻松地理解下面要介绍的各种封装技术，了解一些我们日常生活中常见电子产品的封装形式。

封装的分类

为了满足集成电路产品的各种需求，封装类型不断变化。下面就详细介绍一下目前常用的类型，以便了解封装是如何满足芯片需求，为芯片提供合格的“衣服”。图1.5展示了迄今为止出现的各种封装类型的演变，供大家系统地了解封装历史，其实也是集成电路的历史。

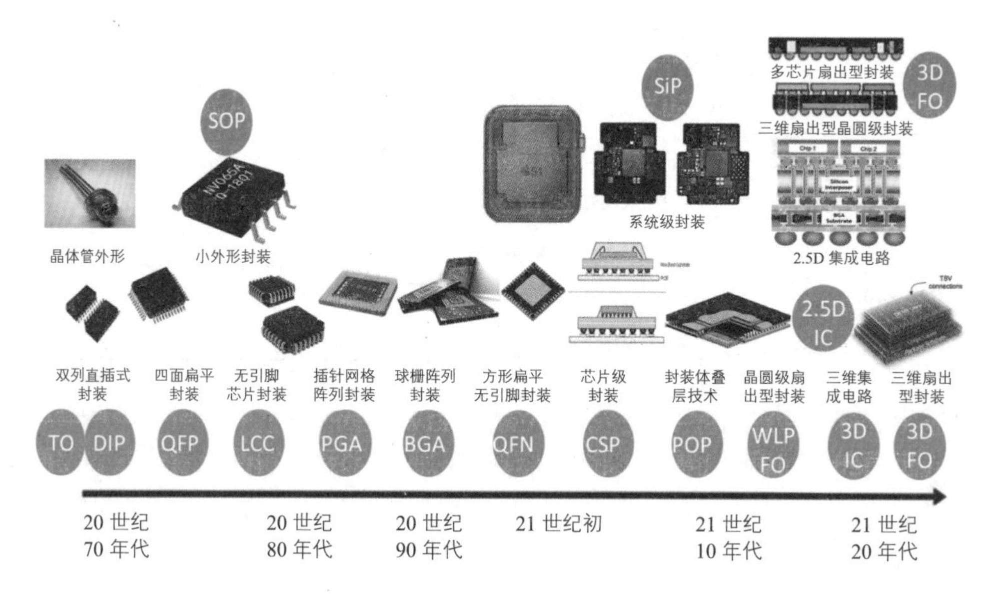

图1.5　封装演变历史

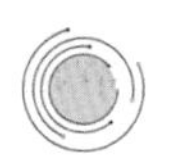

按材料分类

封装材料就是芯片“衣服”的布料，不同材料封装，对应的封装工艺也不同，应用场景也不同。因此，了解封装材料能够很好地了解封装工艺，优选合适的封装技术。按照材料分类，封装主要包括金属封装、陶瓷封装和塑料封装。这里的材料指的是封装体管壳的材料。

1. 陶瓷封装（Ceramic Package）: 陶瓷封装能够为芯片提供非常好的气密性保护。同时其热、电、机械特性都很稳定，因此可靠性非常好。陶瓷管壳主要通过调节陶瓷材料的化学成分和控制烧结工艺来实现高稳定性的。图 1.6 给出了典型的陶瓷封装管壳。

图 1.6　陶瓷封装管壳实例

陶瓷封装是比较早出现的集成电路封装技术，例如，IBM 开发的固态逻辑技术（Solid Logic Technology，STL）就是应用的 800℃下烧结的陶瓷基板。目前，应用比较广泛的是共烧多层陶瓷模块（Cofired Multilayer Ceramic Module，CMCM）。

随着集成电路集成度不断增加，封装输入输出（I/O）端口的数目也不断增加。陶瓷封装也出现了不同类型，例如陶瓷引脚式晶粒承载器（Ceramic Leaded Chip Carrier，CLCC）、针格式封装（Pin Grid Array Package，PGA）、四边扁平封装（Quad Flat Package，QFP）等。陶瓷封装的工艺流程主要包括制备陶瓷基板，粘结引脚和基板，然后将芯片通过粘贴方式固定在陶瓷基板孔洞中，完成芯片与引脚或厚膜金属键合点之间的电路连接后，再将另一片陶瓷或金属的封盖与陶瓷基板通过玻璃、金锡或铅锡焊料以烧结的方式粘结在一起。

虽然陶瓷封装气密性很好，但是其缺点也很明显，主要存在工艺温度普遍较高、成本投入也大等缺点。而且陶瓷本身很脆，容易碎裂。

2. 金属封装（Metallic Package）：金属材料能够很好地阻挡水分子渗透，抗湿性非常强。因此，金属封装的可靠性非常好，通常用于分立元器件的封装，目前仍在市场中占有很大的份额。图 1.5 中的 TO 封装就是典型的分立器件的金属封装，这里的金属材料主要指的是金属管壳，包括承载芯片的金属基座和金属封盖。除了图 1.5 中的圆罐式金属管壳，还有扁平式、平台式、分立式金属管壳。

金属封装的主要工艺流程就是将芯片通过金属缓冲层粘结在金属管壳上，然后通过引线将芯片上的焊盘与金属管壳上的针状引脚焊接在一起。最后，通过熔化焊接或焊料焊接把金属管壳与金属基座粘接在一起。

金属封装除了密封性非常好，还有良好的导热特性和信号屏蔽能力。其中铜金属封装导热及导电性能都很好，但是强度不足。而基于可伐合金（Kovar）的金属封装壳体强度较高，同时添加镍金属为缓冲层可以提高导热特性，因此 Kovar 合金是常见的金属封装壳体。基于铝合金的壳体强度优于铜，且导热特性较好，目前广泛应用于微波混合电路和航空电子器件封装中。

3. 塑料封装（Plastic Package）：塑料封装是以高分子塑料为包封材料的封装。塑料由于易受水汽等小分子浸入，且熔化温度较低，因此密封性、耐热性都不如陶瓷封装和金属封装。但其成本低、工艺简单，可以批量生产、小型化，目前广泛应用于一般的消费性产品中，例如手机、计算机、小型家用电器，以及超级计算机里面。虽然塑料封装的可靠性不如陶瓷封装，但数十年来塑料封装技术发展非常快速，不论是在封装的环氧树脂材料方面，还是与材料匹配的工艺方面，可靠性也在不断改善。因此，目前塑料封装在集成电路封装中占有 90% 以上的市场份额。可以说塑料封装的历史较长、应用非常广泛。为此，第二章将着重对塑料封装进行介绍，特别是封装工艺流程。

图 1.5 中所示 DIP、QFP 和 QFN 等就是一种塑料封装形式，可以看出这个封装的包封材料是黑色的模塑料，两边或者四边有金属引脚。前面我们介绍了封装的材料分类，但是很多封装是按照封装方式分类的。只有很好地了解封装形式，才能看懂封装，不至于搞混，下面我们就进入封装形式的介绍，也就是按照图 1.5 的时间轴来看封装分类。

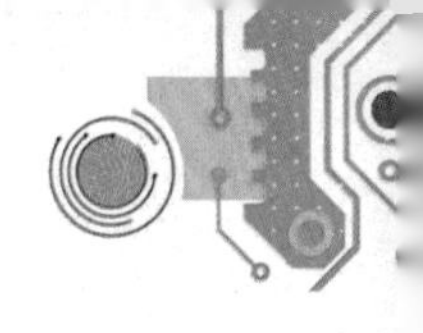

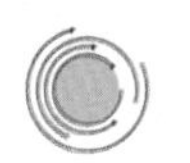

按封装方式分类

封装方式分类的出现和封装引脚数目的多少有直接关系。也就是说，封装引脚数目少的时候，对应出现的封装方式就简单。我们按照时间脉络把这些封装形式给大家一一展示出来。

20 世纪 60 年代中期，集成电路由 2^1~2^6 个元器件的小规模集成迅速发展成 2^6~2^{11} 个元器件的中等规模集成，相应的封装引脚数目也就由数个增加至数十个。因此，原来的晶体管外形封装（Transistor Out-line，TO）已难以适应。于是，20 世纪 60 年代，双列直插式引脚封装（Double In-line Package，DIP）出现了，如图 1.5 所示，本书第三章会具体讲述。这种封装引脚数目比 TO 增加很多，热性能和电性能也得到了提高。

20 世纪 70 年代集成电路飞速发展，一块硅片上可集成 2^{11}~2^{16} 个元器件，这时的集成电路被称作大规模集成电路（Large Scale Integration，LSI）。这时的 LSI 已与之前的集成电路有了根本性的变化，集成的对象不仅仅是晶体管。为了适应 LSI 的发展，表面安装技术（Surface Mounting Technology，SMT）出现并快速发展。典型的封装形式是四边引脚扁平封装（Quad Flat Package，QFP），这种封装方式就像其名字一样，引脚在封装体的四周，因此封装体可以表面贴装在 PCB 板上。同一时期出现的封装形式还有小外形封装（Small Outline Package，SOP），这种封装可以说是 DIP 封装引脚压平了，因此也可以看作是 DIP 的变形，适用于引脚数比较少的应用。

二十世纪八九十年代，集成电路集成度不断提高，超大规模集成电路（Very Large Scale Integration，VLSI）出现了，可集成 2^{16}~2^{21} 个元器件。封装的引脚数目超过了 1000 个。QFP 及其他的封装类型都无法满足封装 VLSI 的要求了。于是，封装引脚由周边型发展成面阵型，针栅阵列（Pin Grid Array，PGA）封装技术出现，如图 1.5 所示。但其封装体的体积大、质量重、工艺复杂、成本高，不能直接在 PCB 上进行表面安装。因此，新一代封装方式——球栅阵列封装（Ball Grid Array，BGA）应运而生，如图 1.5 所示。BGA 封装有边缘阵列和面阵列两种，极大地提高了封装引脚数目，目前仍在大规模使用。关于 BGA 封装，第四章会详细介绍。

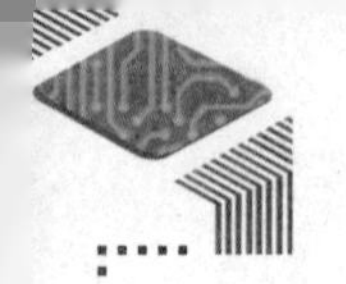

上面的封装方式中，封装体的面积比芯片的面积大很多，导致电子产品的尺寸受到封装尺寸的限制。美国和日本在BGA封装出现后，相继推出了芯片尺寸封装（Chip Scale Package，CSP），使得芯片和封装体的面积比缩小到1∶1.2。

根据上面的封装方式，加上不同的材料可以演变出很多种封装方法，比如陶瓷QFP封装（CQFP）、塑料QFP封装（PQFP）等。因此种类多样的封装形式可以适应于不同功能的芯片封装。大家遇到不认识的封装形式，可以根据材料、封装形式和引脚形式等进行辨别，了解其具体是哪种封装，作用是什么。

随着集成电路集成度不断提高，系统封装不仅仅是一个或一种芯片，因此还需要从封装元器件的个数来认识封装。

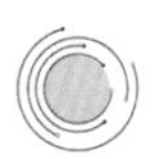

按元器件个数分类

随着集成电路集成度不断的发展，系统里面仅仅集成一个元器件已经无法满足性能的要求，因为分立器件距离远，体积大，信号传输时间长。因此，为了适应电子产品的需要，封装形式又发生了变化，可分为单组件封装和多组件封装（又称作多芯片封装）。

1. 单组件封装：单组件封装中只包含一个芯片或者一个封装体。根据芯片所在的载体又可以分为框架型封装和基板型封装。

框架型封装就是通过粘结剂将正面朝上的芯片的背面粘结在一个引线框架上，然后采用引线将芯片正面的焊盘连接到框架的焊盘上，就可以完成电学连接的引出。因此，这种封装方式的互连引出的方式通常都是引线键合，其中引线框架的中心就是放置和粘结芯片的位置。

另外一种单组件封装的封装方法是基板型封装。基于基板的封装包括两种单组件封装方法（图1.7）。其中第一种为引线键合－球栅阵列封装，是将芯片粘结在基板上，通过引线键合将芯片正面的焊盘连接到基板正面的焊盘，基板的背面是焊球。第二种方法是倒装芯片－球栅阵列封装，是将芯片通过倒装焊的焊球或者凸点连接到基板正面的焊盘上，基本背面同样是焊球。这种基板材料一般都是有机材料。我们现在介绍的这种基板是指直接和芯片连接的高密度互连的基板。其实广义上讲，集成电路系统的母版 PCB 板也算作是封装的基板，只是 PCB 板式封装在我们现在说的高密度基板封装的下一层封装等级。这两种方法在第四章里都会有详细的说明。

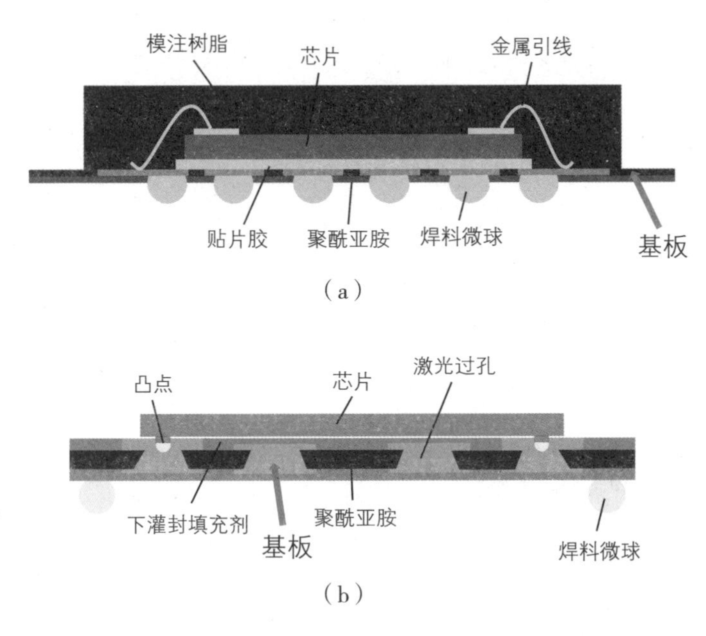

图 1.7　单组件封装

（a）引线键合 - BGA 封装；（b）倒装芯片 - BGA 封装。

2. 多组件系统级封装：多组件封装，又称作多芯片组件封装。其看起来似乎是单组件封装的简单扩展，实际这里面衍生出了很多新的概念和技术。例如二维的多组件和三维的多组件封装。三维的多组件，即三维封装，会在下一个分类中详细介绍，本节只介绍经典的传统二维多组件封装。

随着人们对电子产品的功能要求越来越多，特别是要求速度快，系统尺寸小。分立元器件的单组件封装开始无法满足要求了，因为其互连距离远导致通信速度慢，器件分立封装再重新组装导致系统的面积利用率低，尺寸大。

多芯片组件（Multi-Chip Module，MCM）封装在此时应运而生了。它是将多个 LSI、VLSI 芯片和其他元器件紧密地组装在多层互连基板上，然后再封装于同一封装体内。它不仅缩短元器件间互连长度，减少了互连的通信延迟，也通过密排元器件减小了系统的体积、减轻重量。此外，系统可靠性也

相应地提高了。

宇航系统对系统的小型化要求很高，因为整体重量增加一千克，相应的升空成本就会提高很多。因此，MCM 最早期应用的领域就是国防、航天和计算机。早在 20 世纪 90 年代初，美国就将 MCM 技术列为六大关键国防技术之一，后来又将它确定为十大军民两用高新技术之一。欧洲、日本和我国台湾地区也都纷纷发展 MCM 技术。最早将 MCM 用于计算机的是 IBM 公司，其制作的 MCM 被称作热导组件（TCM）封装体，是在 33 层 Al2O3 基板上组装了 118 块 LSI 芯片，尺寸为 90 mm × 90 mm，用于 3081 计算机。

由于 MCM 的出现彻底改变了封装思路，因此，第五章将对其进行详细介绍。

按堆叠方式分类

前面我们讨论的都是基于元器件封装的二维封装形式，也就是芯片或者其他元件都是在一个平面内放置，最后封装成一个系统，所以我们可以称之为二维平面封装形式。一般很少这样分类，但是为了大家便于理解，本书中特意给出了这种分类方法，供大家了解封装的历史。

虽然二维平面封装形式中的 MCM 在一段时间内满足了集成电路端口数目多、系统尺寸小、互连延迟小的需求，但是集成电路继续高速发展，晶体管特征尺寸不断减小。由此可知，封装的端口数目、系统尺寸、互连延迟都无法满足要求了。因此，研究者们就思考将元器件在垂直方向上进行堆叠，可以有效地减少芯片间的互连长度，缩短距离，减小集成尺寸，这就是三维封装的初始模型。由于三维封装开启了封装形式的新篇章，也是技术创新的典型代表，因此，第六章将详细进行介绍。

后来，三维封装又发展出很多其他先进封装形式，如三维系统级封装、衬底上晶圆级芯片封装（Chip-on-Wafer-on-Substrate，CoWoS）等。此外，晶圆级封装（Wafer level packaging，WLP）通过对大晶圆进行封装，实现了更小尺寸和高度的封装，能极大地提高芯片集成的效率，其包括扇入式封装和扇出式封装。这些封装形式都能很好地解决集成电路的问题，因此很多公司

如三星、台积电、英特尔等目前都在使用。因此，第七章会着重介绍先进封装的具体内容。

通过前面的介绍，大家已经开始有点明白封装的历史、发展及定义了，那么下面我们就会进一步介绍传统封装和先进封装，让大家深入地了解各式各样芯片的“衣服”。

第二章　封装工艺流程
——芯片“穿衣装扮”的顺序

芯片制作完成后，想要实现多种功能，封装必不可少，而封装的加工顺序非常重要，直接影响工艺的成本和芯片的可靠性。就像衣服分里外，分内衣、中衣、外衣，不能反穿，也不能穿错顺序，不然无法使人感到舒适，更无法实现保暖等功能。对于不同类型的封装，工艺流程略有不同，特别是传感器封装，更是与处理器、存储器等芯片封装不同，本章主要以处理器等常用器件的塑料封装来介绍其关键工艺流程，主要是为了让读者直观地了解封装工艺，后续感兴趣的也可以参阅一些更专业的书籍。目前，典型的塑料封装工艺流程包括磨片、划片、贴片、引线键合、塑封、电镀、切筋、出货、仓检、包装、测试、打弯。

磨片是对硅晶圆背面进行减薄，使其厚度满足后续划片等封装工艺的要求。划片是将经过测试、磨片后的晶圆切成单个芯片，并对其检测，只有切割完且检测合格的芯片（Know Good Die）才可以进行封装，这就是第一次检测成品率。装片是将切割好的芯片取下放到引线框架或封装衬底上，后续进行键合。键合是用金线、铜线将芯片上的焊盘和引线框架焊盘进行连接，使芯片电路引出，与外界通信。塑封是为了保护芯片上器件免受机械损坏、环境气氛侵扰等，对芯片进行塑料固化和封装成型处理。电镀是使用铅（Pb）和锡（Sn）等材料对引线框架进行电镀，防止其生锈或受到其他污染，增加外引脚可焊性。切筋即去除引线框架外面的引脚根部多余的塑料和引脚连接边，再将引脚制备成所需要的形状。测试就是封装级别

的成品率测试，需要全面检测芯片各项电学和力学指标，并决定等级。最后根据等级进行包装。

以上，减薄、划片、贴片、键合、塑封成型是非常重要的工艺，下面就着重介绍一下。

磨片减薄

随着集成电路集成密度增大，为了降低每个芯片的生产成本，硅晶圆的尺寸不断增大，使得整个晶圆上的芯片个数不断增多。但随之而来，晶圆厚度也不断增大。目前，生产所用到的硅片多在 6 in（英寸）、8 in 和 12 in（1 in = 25.4 mm）。20 世纪 90 年代常用的生产晶圆为 4 英寸晶圆，其厚度为 550 μm，而目前常用的 12 in 晶圆厚度就增加到 775 μm，这给划片工艺带来极大困难。但实际硅片上电路布线层的有效厚度一般为 300 μm。为了保证其功能，电路布线层的下面必须有一定的支撑厚度，才能保证每一步工艺能够可靠地完成。这就导致晶圆总厚度 90% 左右的衬底是为了保证硅片在制造、测试和运输过程中有足够的强度。这类似于衣服要穿在合适的人身上才好看，为了穿上漂亮的衣服你需要瘦身减肥。而我们需要先给晶圆瘦身，方便后续的封装。

因此，在电路布线层制作完成后，晶圆封装之前，要对晶圆的背面进行减薄和抛光处理，使其达到划片所需要的厚度，然后再对硅片进行划片加工，形成减薄的裸芯片，减薄的过程可以参看图 2.1。

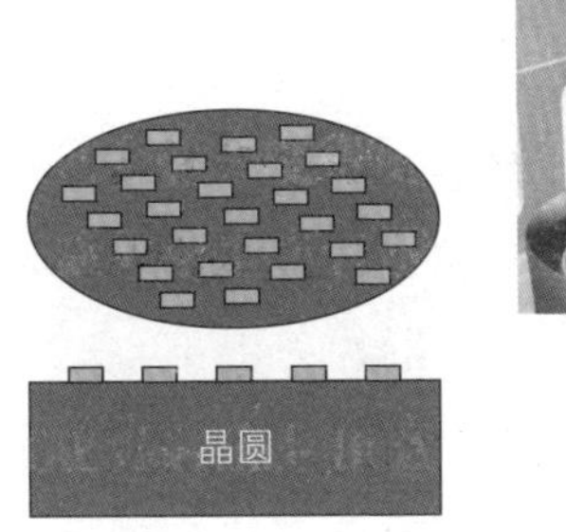

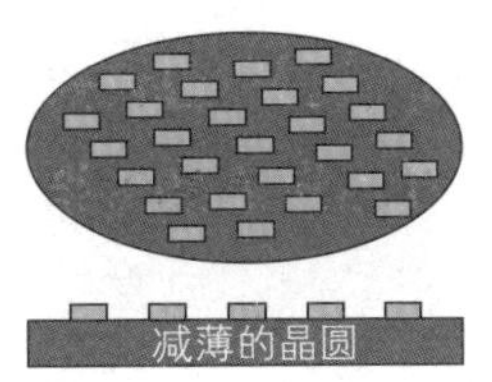

图 2.1　晶圆减薄示意图

目前，晶圆背面减薄技术主要有机械磨削、研磨、化学机械抛光、等离子束抛光、干法刻蚀、湿法刻蚀、电化学刻蚀、等离子辅助化学刻蚀等。其中机械磨削、研磨和化学机械抛光是关键的三个步骤。第一步，机械磨削去除晶圆的大部分厚度，但是粗糙度很大，应力损伤深度较大，一般在 20 μm 左右；第二步，研磨消除机械磨削带来的粗糙度和应力损伤层；第三步，化学机械抛光又会进一步消除研磨带来的应力损伤，最后使得晶圆表面的粗糙度在 10~100 nm 之间，根据不同需求选择最后的抛光精度。这就相当于给芯片“穿衣服”前，对芯片进行清理，防止芯片本身的原因影响芯片本身及“衣服”的使用寿命。

由以上信息可以看出，随着晶圆尺寸的不断增加，及集成电路的集成度不断提高，减薄、研磨和抛光技术也必须不断改进，从而适应尺寸满足的影响。

晶圆切割

在晶圆切割之前，需要将晶圆正面朝下固定，称为贴片，防止晶圆切割过程中发生移动，然后再转移至划片机进行划片。因此，下面先对贴片方法进行介绍，再介绍晶圆切割的步骤。

晶圆切割的过程就相当于为了给芯片单独定制“衣服”，需要先将芯片分开，单独制作“衣服”。后面先进封装也有晶圆级封装，这相当于给很多芯片一起制作“衣服”，然后再分开，大家可以参见第七章。

晶圆贴片

在晶圆背面贴上胶带（常称为蓝膜）并置于钢制框架上，此动作称为晶圆粘片或贴片，然后再送至芯片切割机进行切割，晶圆贴片机如图 2.2（a）所示。将晶圆正放在贴片机上，然后敷上蓝膜，再用刮片刀上下刮试，让晶圆与蓝膜之间没有气泡，接触完全，防止磨削时晶圆掉落。随后，采用圆形切刀将蓝膜切割成和晶圆一样的尺寸。为了进一步加固晶圆和蓝膜之间的粘附，后续还可以在一定温度的热板对带有蓝膜的晶圆进行烘烤，因为蓝膜这种有机膜在一定温度下粘附性增大。晶圆粘附好之后，可以进行下一步划片了，具体设备如图 2.2（b）所示。

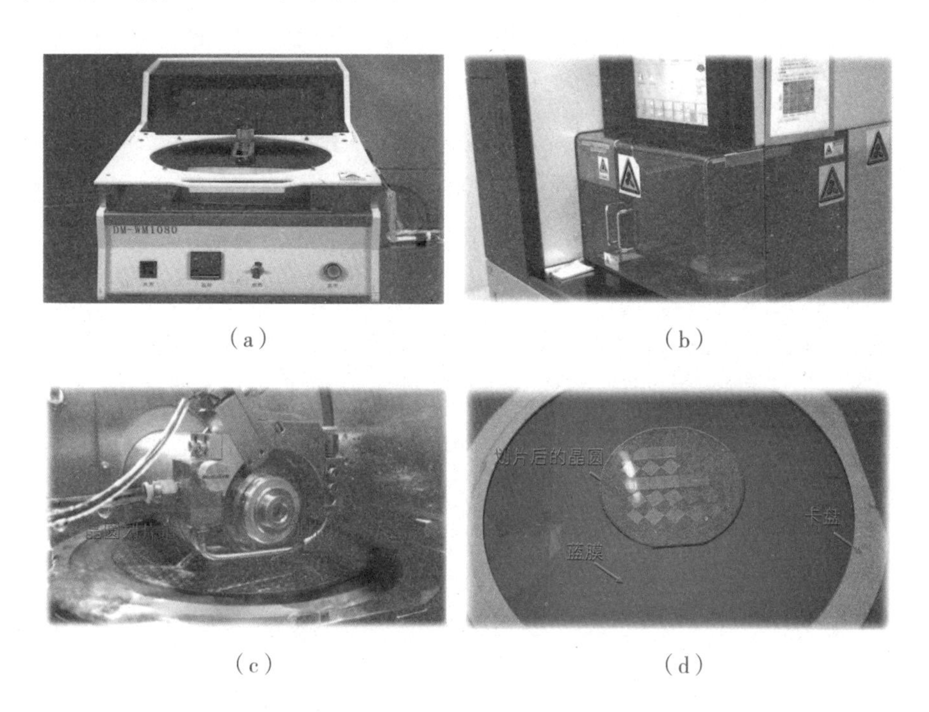

（a）　（b）

（c）　（d）

图 2.2　晶圆切割设备及工艺

（a）贴片机；（b）划片机；（c）划片过程；（d）划片后的 4 英寸晶圆。

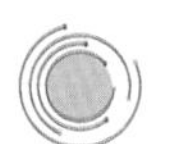

晶圆切割

划片是要将加工后的晶圆进行切割分离，然后获得一颗颗具有独立功能的芯片单元。切割完后，一颗颗芯片排列在蓝膜上，可以通过向上顶起蓝膜的方式进行绷片，从而分离芯片。目前常用的自动划片工艺流程主要包括贴片、装片、划片、清洗及干燥。主要采用的设备就是图 2.2（b）所示的划片机，采用的是钻石砂轮，利用的是钻石的硬度大于硅。砂轮划片机的主要功能包括对准和切割。其中，对准指的是根据晶圆上的对准标记进行开始和结束位置的划片道定位，从而设置划片距离和切割次数。

采用钻石刀片划片是比较传统的方法，设备成本低，操作简单。但是芯片划片后的断面往往比较粗糙，有少量微裂纹存在。此外，随着芯片厚度增加，晶圆划片后有些位置并未划到底。取片时，顶针顶起作用使芯片崩裂，

致使断口呈不规则状。这些过程中芯片边缘损害会严重影响芯片的边缘应力，可能会导致后续封装工艺失败及使用寿命，也可能直接导致芯片损坏。

因此，划片工艺不断向前发展，改进这些缺陷。减薄前划片（Dicing before Grinding，DBG）可以一定程度减小划片对芯片带来的损伤。DBG 技术是先将晶圆正面半切割（不切穿），再保护晶圆正面，随后进行背面磨削减薄，直至芯片分离，再将分离的晶圆粘附在带有蓝膜的框架上，揭去正面保护膜。随后，为了进一步减少了减薄引起硅片翘曲和边缘损伤，在 DBG 基础上又进一步增加等离子刻蚀方法，去除硅片最后的加工量，实现芯片自动分离。除了机械划片方法，新型划片机采用激光进行无接触式切割，切割工艺流程包括：UV 照射、切割、绷片，这也能够很好地改善边缘损伤。

晶圆切割后，需要进行芯片周围碎屑清洗，并干燥处理。此外，还需要进行蓝膜拉伸，增大芯片之间距离，从而易于分离芯片。

芯片贴装

对于塑料封装而言，将芯片贴装在引线框架上就是第一步，也就是芯片与第一件“衣服”（引线框架）实现连接的过程，这个过程是没有电学连接的，电学连接是通过引线键合等其他键合方法完成的。

芯片贴装也称芯片粘贴，简称贴片，即把芯片装配到引线架上去，图 1.1（b）很好地展示芯片贴在封装管壳上面的顶视图。贴片的目的是将分离的芯片用银胶固定在引线框架的芯片贴盘上，其中引线框架一般包含很多芯片贴盘位置，可以是直线的排列，也可以是矩阵的排列。

具体贴片的工艺流程如图 2.3 所示，先固定引线框架，然后在把所有框架里面的芯片贴盘位置都点胶（银胶），再用抓片机抓起芯片放在校正台上调整芯片的角度，最后放在引线框架对应的贴盘里面，这就完成了贴片工艺。

贴片工艺中关键是芯片如何粘结在引线框架的贴盘上。常见的粘结方法包括焊接粘结法、导电胶粘结法、玻璃胶粘结法。也就是芯片第一件“衣服”（引线框架）如何穿上的。

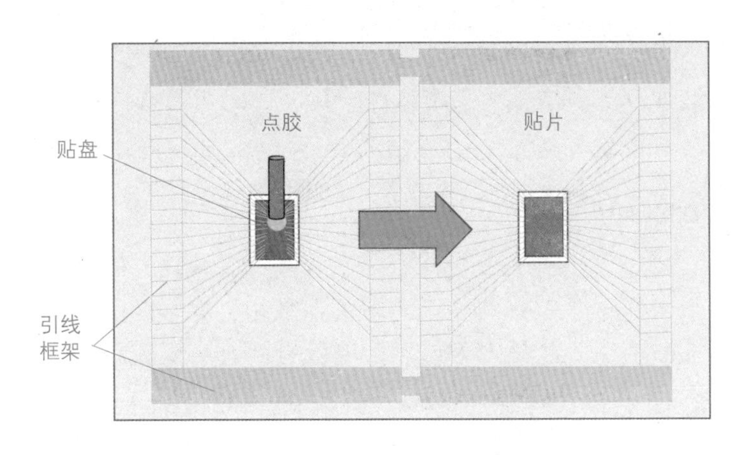

图 2.3 点胶和芯片贴片过程

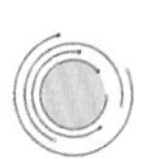

焊接粘结法

焊接粘结法利用低熔点共晶合金进行贴片，可以充分利用金属优良的导热特性，主要用于需要增强散热的器件（如高功率放大器）的贴片技术。包括硬质合金焊料和软质合金焊料两种。

一般贴片工艺中采用的硬质共晶焊料包括金锡、金锗和金硅三种。陶瓷封装以 69%Au~31%Si 合金共晶粘结法最为常用。但是硬质共晶焊料贴片法存在一定的热应力问题。因为共晶焊料贴片法温度一般大于 300℃。由于芯片、引线框架之间的热膨胀系数不匹配，共晶焊料贴片升温降温过程可能会造成芯片开裂。另外一个问题是芯片背部硅和基板上的粘附性差，焊接效果差。缓解以上问题的方法是芯片贴片前先与引线框架或者基板相互摩擦，除去硅背部的氧化物；在保护气体下加热防止焊料氧化。这都可以增加共晶合金液体在硅片表面润湿性，同时也可减小因应力分布不均匀而导致的芯片破损。此外，在芯片背面先镀一层薄薄的金，在基板的中心贴盘上预成型约为 0.025 mm 厚的金属片，可以弥补基板不平整造成贴片粘附性差、应力大的问题。因此，在大面积集成电路芯片贴片中常被使用。

另外一种焊接粘结法是利用金属合金发生反应进行芯片粘结，其优点除了能形成热传导性优良的连接，还可以进一步缓解应力导致的芯片破坏。但这种方法也必须在氮气保护环境中进行，以防止焊锡氧化及孔洞的形成，常见的焊料有铅－锡、铅－银－铟等软质合金，也需在芯片背面先镀上多层金

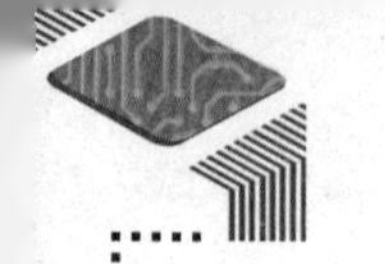

属薄膜，增强润湿性。

所以，这种方法多用于大功率器件的封装，比如电池。

导电胶粘结法

导电胶是填充金属颗粒的高分子聚合物胶，这种导电胶的导热性能略低于前面的焊接粘结法。这是因为虽然导电胶里面有金属颗粒，但主要还是有机聚合物。常用的有机聚合物是环氧、聚酰亚胺、酚醛、聚胺树脂及硅树脂，而其中的填充颗粒多为 Ag 或 $A1_2O_3$。因此，导电胶粘结法也称为树脂粘结法，导电胶包括各向同性、各向异性两种类型。其中各向同性导电胶能沿各个方向导电，可以代替热敏感的元器件上的焊料合金粘结法，也可用于需要接地的元器件。各向异性导电胶只允许电流沿连接的方向流动，因此可提供芯片与基板的电接触，同时消除应力。

由于导电胶的热膨胀系数可以通过改变成分而调节，因此可以实现与引线框架材料的相近的热膨胀系数，可以彻底消除热膨胀系数不匹配带来的热应力，这也是芯片损坏的根源。这是导电胶粘结法的第一个优点。此外，其成本低，点胶设备简单，易于自动化生产。因此，导电胶粘结法成为塑料封装常用的芯片粘结法。

但是导电胶的热稳定性不良，易导致成分泄漏而影响封装可靠性，散热特性也较差，因此导电胶中的金属填充料一般为导电性好的银颗粒，填充量一般在 75%~80% 之间。在这样的填充量下，导电胶都是导电的。此外，导电胶在长时间高温存储下会发生降解，界面处就会形成空洞，空洞会导致芯片开裂，也会导致导热特性下降，造成局部温度升高，引起芯片上的电路的一些参数发生错误。而且导电胶中聚合物吸潮性特别强，易导致芯片发生开裂。所以这种方法多用于塑料封装。

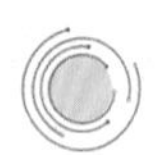

玻璃胶粘结法

玻璃胶粘结法主要成分是玻璃胶和填充银，这种方法仅用于陶瓷封装，原因是成本低，与陶瓷引线框架 / 基板的热膨胀系数相近。主要工艺流程是

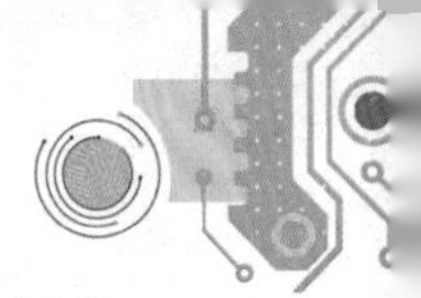

用戳印、丝网印刷或点胶的方法将玻璃胶涂于引线框架 / 基板的贴盘 / 焊盘上，放置芯片后，加热去除玻璃胶中的有机成分，可使玻璃熔融连接芯片与贴盘。玻璃胶粘结法形成的界面孔洞少、热稳定性好、应力低、吸收湿气少。但粘结热过程中，冷却不均匀也可能导致连接处破裂，而且玻璃胶中有机成分需要完全除去，否则将导致结构稳定与可靠性变差。

芯片键合 / 互连

如果说芯片贴装是连接芯片第一件“衣服”的“线”，那么芯片互连技术已经是芯片的“内衣”了，因为没有互连，我们是无法把芯片的信号引到引线框架上，再连接到外面的 PCB 母板上。

芯片互连是将芯片上的金属焊盘与封装外引脚的输入输出端口 / 基板上的金属焊盘相连接，从而实现电学信号从芯片上引出到外引脚或者基板。芯片互连常用的方法有：引线键合、载带自动焊、倒装芯片。目前，还有很多的新型互连方式，将在之后的章节中进行介绍。

电子产品封装中，芯片无法工作即失效，很大部分原因是芯片互连损坏导致的。可见，互连对芯片上器件的可靠性影响很大。因此，了解互连方法，有助于了解芯片失效，也就是了解芯片由于“衣服”破损而导致无法工作的原理。因此，下面逐一给大家展示三种互连方法，即引线键合、载带自动焊、倒装芯片，主要是按照其出现和发展的先后顺序进行介绍的。

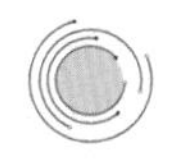

引线键合

引线键合是将芯片上的焊盘以金线 / 铜线等引线方式连接到引线框架的内引脚上，如图 2.4 所示，从而将芯片上的电学信号引出到引线框架的外引脚上。其中，图 2.4（a）是芯片放在引线框架上，然后在芯片焊盘上形成第一球焊的焊点，在引线框架的内引脚上形成楔形焊点。为了增加可焊性，一般芯片上的焊盘为金属铝或者硅 – 铝合金，引线的直径一般为十几微米到几十微米，引线的长度根据芯片与引线框架的具体参数而定。图 2.4（b）给出了从芯片焊盘到引线框架打线的简单工艺流程，基本包括劈刀头下降至合适位置、形成焊点、在芯片焊盘上形成第一球焊、拉起劈刀及引线、拉出弧线、在框架上形成楔形焊点。

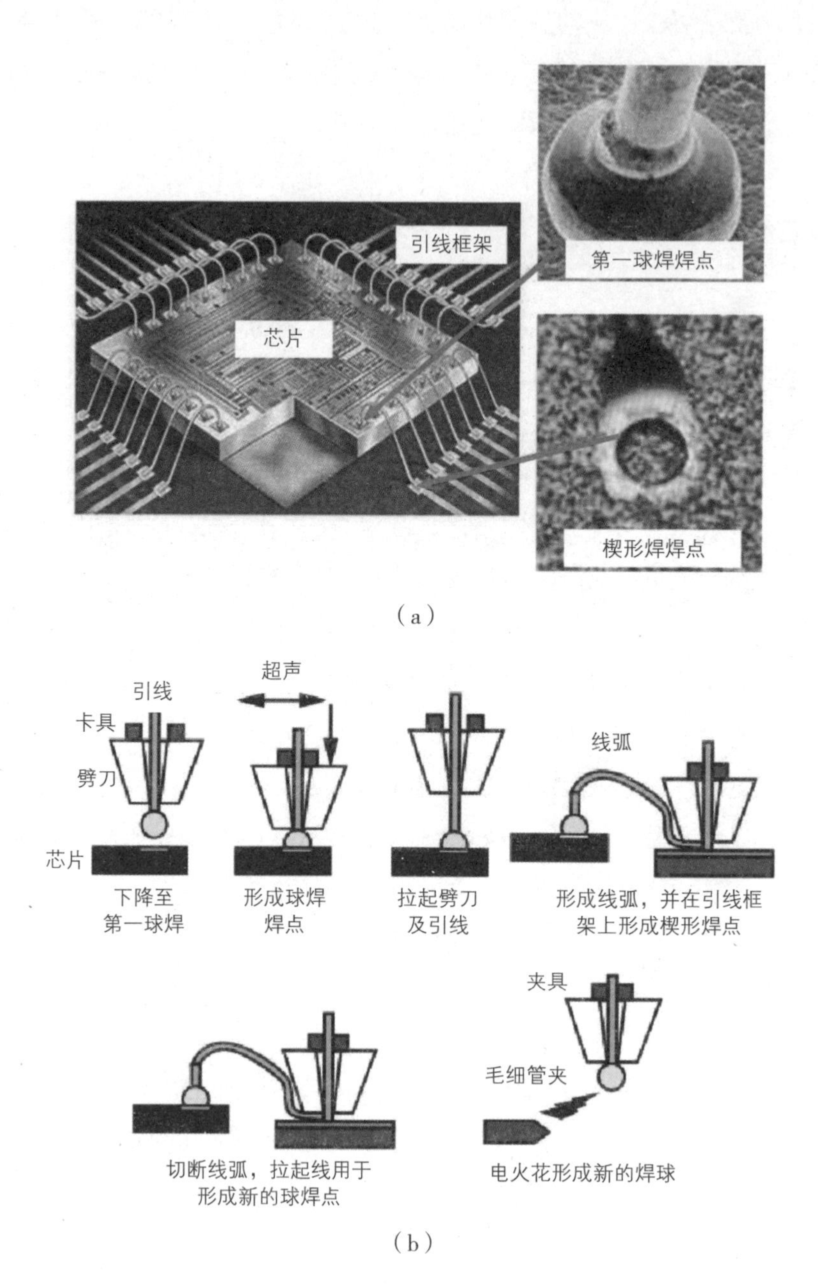

图 2.4　引线键合

(a) 芯片和引线键合;(b) 引线键合的工艺。

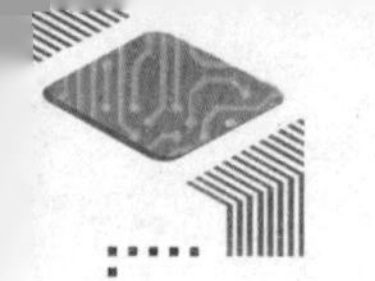

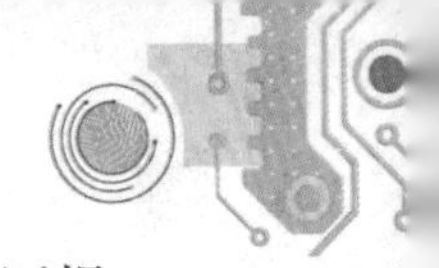

图 2.4 中将焊球与金属焊盘键合的方法是超声法，而实际中还有热压焊、热压超声焊。热压焊就是用加热加压的方法把金属丝与金属焊盘压在一起，加热是为了增加金属之间的扩散，加压是为了减少接触面之间的距离，也就是促使金属丝和金属焊盘紧密接触。超声焊是利用超声波发生器产生的能量，在焊球与焊盘摩擦振动作用下去除焊盘表面氧化，并在一定的压力作用下，使得焊球与焊盘的“新鲜”表面紧密接触，达到原子接触的目的，从而形成键合连接。热压超声焊时衬底需加热、上面劈刀也需要加压，且加压同时加超声，这种方法广泛地用于各类集成电路、中小功率晶体管的键合。加压时候加超声，其加热温度远比普通的热压焊低，一般加热到 100℃即可。

当然，不同键合方法是针对不同的引线键合材料的，比如热压焊、超声热压焊多采用金（Au）丝，超声焊主要用铝（Al）丝和硅－铝（Si-Al）丝等。此外，铜（Cu）丝是近年来引线键合技术采用的比较常见的金属引线，不仅可以降低成本，电学性能也可得到提高。

载带自动焊

虽然，引线键合方法可以实现从几个到几百个输入输出端口数目的芯片与引线框架的互连，但是只能一次完成一个引线，效率太低。随着输入输出端口数目不断提高，这个是无法想象的。这相当于，芯片像是拥有无数个爪子的动物，你想给它穿“衣服”，必须要每一个爪子都穿一遍，太慢了。因此互连技术必须向前发展，人们思考是否可以一次成型很多个爪子，这就出现了载带自动焊技术（TAB）和倒装芯片技术。

载带自动焊（TAB）最早是在 20 世纪 60 年代应用于电子封装领域的。主要是为了解决引线键合法无法实现更高密度 I/O 数目。到了 20 世纪 80 年代，TAB 技术曾一度被认为是芯片高密度封装的主要发展方向。

TAB 是利用带状引线替换金属引线将芯片组装到基板上的方法，具体如图 2.5 所示，其中带状引线是由有机基带材料、金属薄膜材料、粘结剂组成，这类似于把前面的引线键合技术的引线由金属变成有机物－粘结剂－金属三层组成的复合带。TAB 的关键是基带材料、Cu 箔引线材料和芯片凸点金属材料。载带材料包括聚酰亚胺（PI）、苯丙环丁烯（BCB）；金属化薄膜片如 Cu

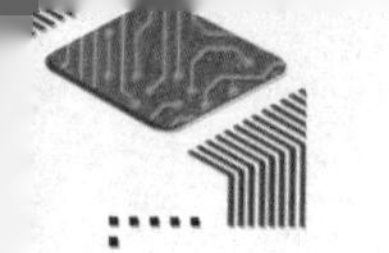

箔。这种TAB带可以分成Cu箔单层带、Cu-PI双层带、Cu-粘结剂-PI三层带等。图2.5（a）展示了利用芯片上Au凸点与TAB带上的Cu进行热压键合实现连接，除了Au凸点外，还可以用铅锡共晶合金进行连接，此时采用的是回流焊，可以将载带上的所有焊点和芯片上的焊盘一起进行键合。图2.5（b）展示了载带金属与外引线框架的连接，主要采用热压键合，这也是在键合机器上一次完成所有焊点的连接。一般热压键合机是由硬质金属或者钻石制成的热电极。可见，这种技术大大提高了键合的效率，由于只能在芯片的四周进行互连，互连密度也不能进一步提高。那有没有更高密度的高效

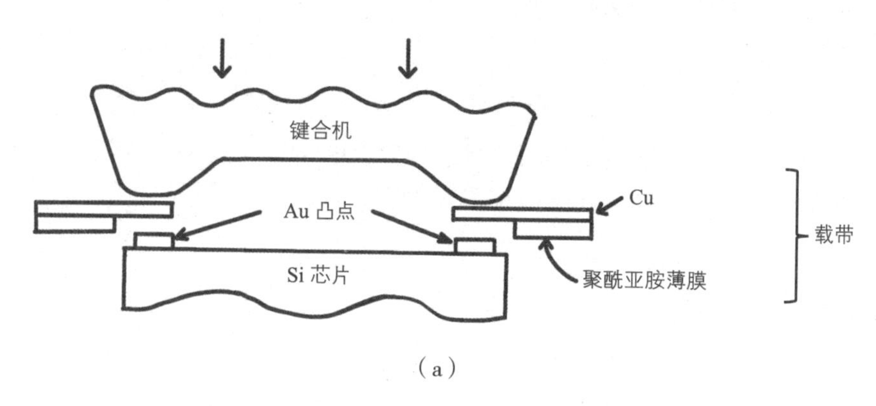

（a）

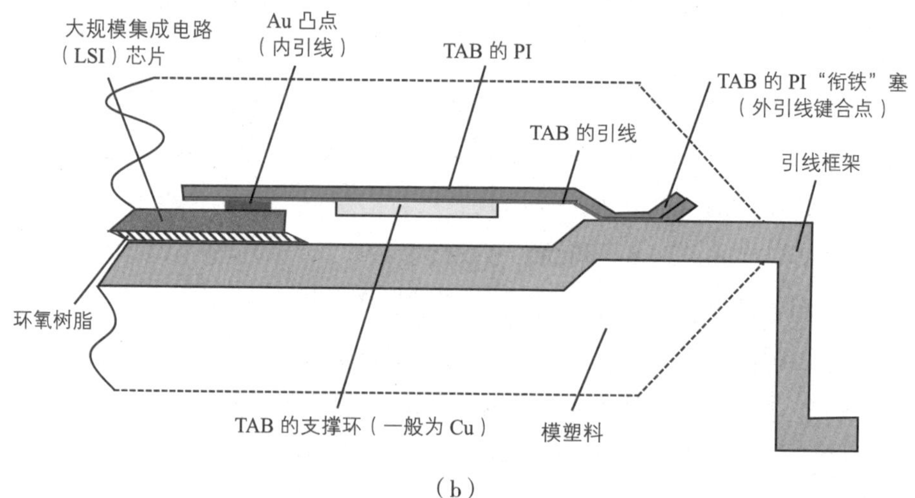

（b）

图2.5　TAB示意图

（a）以Au凸点连接芯片与TAB带上的内引线示意图；（b）TAB载带和外引线框架的连接：通过TAB引线与引线框架热压完成。

互连技术呢？当然，技术就是在不断地解决各种难题中不断进步的。倒装芯片（Filp-Chip）技术出现了，解决了以上的问题。

倒装芯片

引线键合、载带自动焊都是将芯片正面放置，然后焊盘在芯片四周，连接到芯片。倒装芯片是将芯片倒装，正面朝下，通过凸点将芯片上的焊盘和基板上的焊盘连接在一起。倒转芯片的凸点可以在整个芯片正面都布满，占据所有位置，这可以大大提高互连的密度，从而提高集成度。

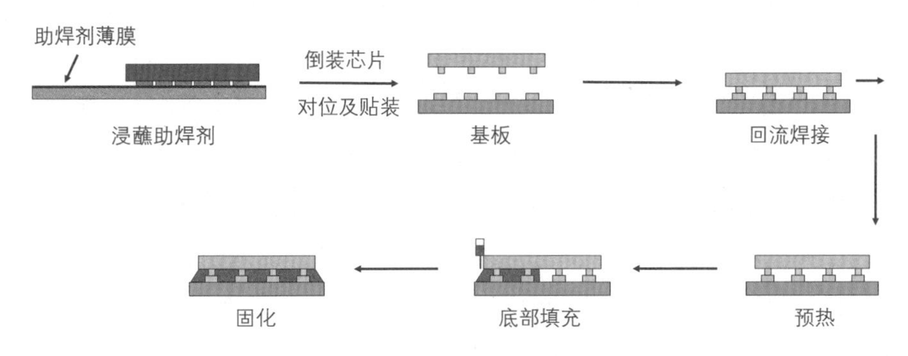

图 2.6　倒装芯片流程

由于倒装芯片的组装方法完全不同于引线键合和载带自动焊，所以工艺流程也大大不同，如图 2.6 所示。第一步是在芯片上制备焊球，主要方式是焊料印刷、回流（图 2.6 中省略了第一步）；第二步是带有焊球的芯片粘附助焊剂；第三步是将芯片与基板对准；第四步是将芯片与基板一起放在回流炉里回流，形成焊接点；为了进一步增强倒装焊的键合强度，保护焊球，第五步是填充下填料，主要包括预热、底部填充、固化。详细的倒装焊技术还会在第四章中进行介绍。

塑封成型

塑料封装的塑封成型包括多种方法，其中针对不同的封装结构会略有不同，例如滴涂法、浸渍法、填充法和浇注法。其中滴涂法是直接在底板上滴

涂熔融的环氧树脂；浸渍法是将引线框架浸入到熔融的的环氧树脂中；填充法是在元器件和塑料外壳之间直接填充熔融的环氧树脂；而浇注法是在一个模具里面放入元器件，再浇注熔融的环氧树脂。

浇注法是比较常见的模塑成型的方法，实际操作时将完成芯片键合的框架送入带有多个型腔的包封模具的下模具，盖上上模具。然后将预热的热固型塑封树脂材料注入注塑机，同时加热包封模具到150~180℃，再将预热的模塑料（已经具有流动性了）注入到包封模具中，保温加压一段时间，使模塑料可以填满整个包封模具。随后模塑料在模具中快速冷却固化，形成所需的塑料封装的外壳形状，最后进行脱模取出封装体。

在这个模塑料注入模具的过程中，模塑料主要经历了两个步骤的加热，第一步，在预加热炉中预加热（90~95℃）模塑料，随后模塑料被送入转移成型机的转移罐中；第二步，加热（170~175℃）模塑料，此过程模塑料在转移成型机的转移活塞的压力作用下，通过浇道（在注塑机和模具都存在一部分的浇道，也就是塑料浇入的通道）被注入模具中心的腔体中。

以上是塑料封装的主要工艺步骤，也是传统封装的代表工艺，因其成本低、操作简单，在产业界仍占有相当一部分产能，而且在未来相当长一段时间内也不会消失，因为对于端口数目较少、成本要求较低的一些日常电子产品必然会采用以上方法。就像我们现在的化纤衣服越来越便宜了，因为工艺简单、成本低廉，销量还是很不错的。而塑料封装就相当于芯片的“化纤衣服”。下文将介绍芯片更多的封装形式及其发展变化。

第三章　典型的框架型封装技术
——芯片的“古装”

随着时间推移，人们对电子产品的需求不断变化，促使集成电路创新发展及封装形式持续演变，也就是芯片的“衣服”逐渐从“古装”变成“现代服饰”。传统的封装形式虽然古老，但是成本低，还是能够在半导体市场中找到的。

根据集成电路所需的输入输出端口的个数的不同，封装类型发生了变化，跟着变化的还有承载芯片的载体也在变化，首先最早承载芯片的载体是各种材质的框架，后来是目前常用的基板。这种芯片的“衣服”分类可以类比于最早人们的衣服是拼接的树皮、兽皮，而后来是整块的布料做的，随着布料发生各种变化，制作方法也随之不断改变。

本章主要讲解的封装形式就是基于框架式的封装，也就是将芯片放在各种材质（陶瓷、金属、塑料）的框架上，这些框架周围都是有引脚或引线的，然后通过一些方法（盖帽、模塑等）变成封装组件，最后再通过插装或者贴装的方法固定在 PCB 板上。其中，芯片封装后的组件周围都带有引脚，芯片通过这些引脚与 PCB 板进行电学连接，而连接的方式包括通孔插装和表面贴装。本章讲解的封装形式就像芯片的多种传统衣服，从最原始的树皮、兽皮，到后来的麻布、棉布衣服，再到一些简单汉族成衣。下面将介绍芯片的传统封装形式，具体讲解一下通孔插装和表面贴装，以及对应的组件形式。

通孔插装（Through Hole Packaging，THP）

通孔插装是在 PCB 板上预先制备好孔，然后将带有引线或管脚的插装组件直接插入 PCB 板的孔中，在此之前需要对引线进行表面镀膜处理，增加与 PCB 通孔的焊接性，也就是连接能力，再通过浸焊、波峰焊等方法将引线与 PCB 的通孔进行连接。这个插装组件也是封装好的整体。图 3.1（a）给出了典型的插装方式，图 3.1（b）（c）和（d）是插装组件的古老形式和发展后的形式，分别为 TO 封装、DIP 封装和 PGA 封装。下面介绍插装组件的分类和具体封装方法。

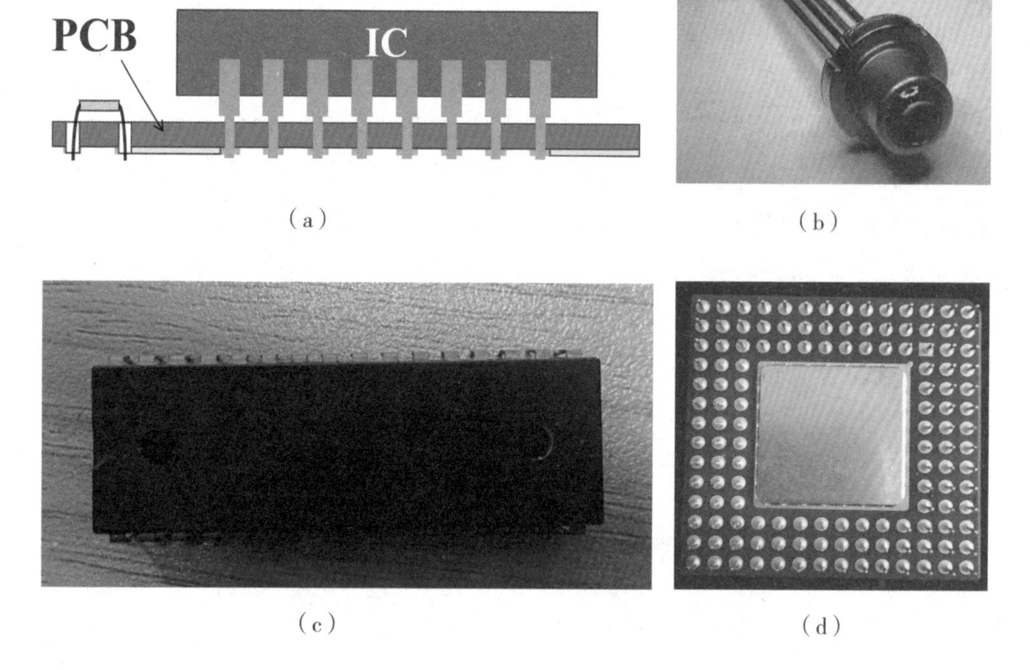

图 3.1　通孔插装

（a）插装封装形式和组件形式；（b）TO 封装；（c）DIP 封装；（d）PGA 封装。

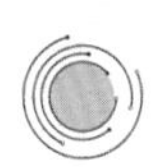

通孔插装组件的分类及特点

如果只看封装外壳的形式，也就是以貌取名的话，插装主要包括晶体管外形封装（Transistor outline，TO）、单列直插式封装（Single in-line package，SIP）、双列直插式封装（Dual in-line package，DIP）、针栅阵列封装（Pin array package，PGA）。TO 封装的引脚数目只有 2~6 个，根据里面封装的器件类型决定，目前主要应用于 LED 封装、功率器件封装。而 DIP 封装引脚数目最多可以达到 100 个，PGA 封装引脚数目可达几百个，如图 3.1 所示。虽然上面的这些封装组件最初都是用插装方式安装在 PCB 板上，但是近些年也逐渐发展成了表面贴装形式。

除了以上分类方法，和第一章封装总分类方法一致，还可以根据插装组件管壳的材料分类，包括金属封装、陶瓷封装、塑料封装。前二者制作的插装组件多用在国防产品和可靠性高（如汽车电子）的产品中。塑料封装由于价格低廉，广泛应用于各种民用电子产品。

下面对主要的三种插装组件进行详细的介绍。

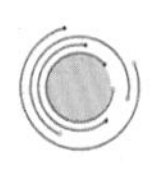

TO 封装

晶体管外形封装（Transistor outline，TO）是出现最早的晶体管封装结构，这种形式很类似于最初的真空电子管封装。晶体管出现之前，真空电子管在相当长的时间里占据了半导体市场，也就是 20 世纪 60 年代比较时髦的电子管收音机。真空电子管的封装形式也影响了后面封装形式的发展，本书涉及的都是晶体管的封装形式，但是真空电子管的封装形式和 TO 封装形式很类似，因此在此处提及一下。

TO 封装是全密封型晶体管封装类型，也就是给芯片穿了一层密不透风的“外套”，之所以称之为全密封，需要看其具体内部结构，如图 3.2 所示。TO 封装的管帽通过熔焊的方法与芯片所在的底座焊接在一起，芯片没有任何的位置透气。如果 TO 封的管壳采用的材料是金属和陶瓷管壳，那么密封性就非常好。

前面介绍了 TO 封装的定义，下面介绍一下 TO 封装基本制作流程。根据图 3.2 结构图可知，第一步，将芯片固定在封装底座的中心，固定的方法包括金属熔融法、导电粘胶法、环氧树脂粘结法，这主要是为了使芯片接地和固定支撑芯片；第二步，将芯片上的电学焊盘和底座框架上的接线柱进行连接，主要方法是热压超声键合（设备是引线键合机）；第三步，将管帽连接在底座上，主要方法是电阻熔焊、缝焊、激光电焊。这些焊接的方法还不算是微电子器件的封装工艺，更倾向于体积较大的材料焊接方法，因此多在材料焊接书籍中出现。以上封装工艺主要指的是金属和陶瓷管帽的封装流程，如果是塑料封装管壳，只是在最后一步进行模塑，即将固定好芯片的引线框架放进模具，将熔融的塑料压入到模具当中，从而形成封装外壳。

虽然 TO 的引脚数目有 2~6 个，但目前 TO 封装还大量应用在电视、冰箱、学习机等家用电器，及 UPS、充电器、计算机等的电源封装上。目前市场能见到的 TO-3 系列，是中高压、大电流 MOS 晶体管常用的封装形式；TO-220 系列是大功率三极管的全塑封装；还有很多其他三极管封装系列，例如 TO-56、TO-92、TO-126 和 TO-263 等。TO 封装命名方法很复杂，不同厂家有所不同，其中有的是由封装代号、管脚数组成，TO-220-5 中的 220 就表示封装代号，5 表示管脚数；有的是以外壳尺寸命名，例如 TO-56 中的 56 是指底座外径尺寸为 5.6 mm。

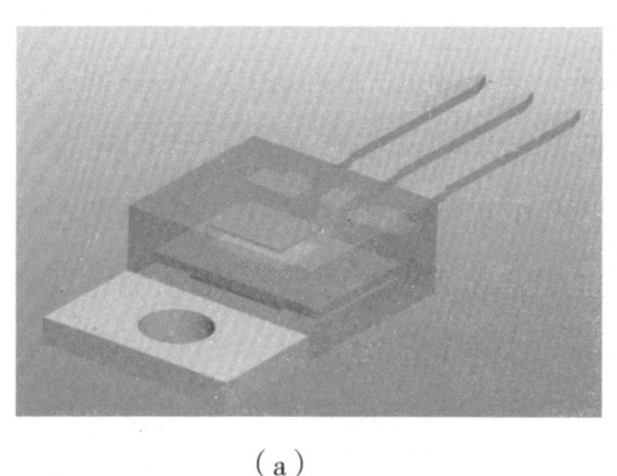

（a）

（b）

图 3.2　TO-220 封装的内部结构

（a）示意图；（b）开封实际图片。

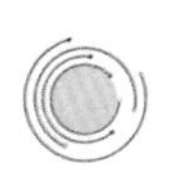

SIP、DIP和PGA封装

在单列直插式封装（Single in-line Package，SIP）、双列直插式封装（Dual in-line Package，DIP）没有出现之前，封装形式是千差万别的，而且性能也不是很理想。因此，SIP/DIP的出现，特别是DIP，在性能和I/O端口数方面都满足了电子产品的需求，也统治了20世纪70—90年代的封装市场，截至1997年DIP销售总量达到110亿。主要应用在中小型规模的集成电路封装中，引脚数目最多可达100个。如此优秀的封装技术，最初其发明者是不确定的，后来经过证实是美国加州Photonics公司的销售经理埃弗雷特·罗杰斯（Bryant Rogers）发明的，后来埃弗雷特·罗杰斯加入了仙童半导体公司，该封装形式被总经理雷克斯·瑞思（Rex Rice）先生看重并广泛推广，很多人开始以为仙童半导体公司的雷克斯·瑞思先生发明了DIP，其实是埃弗雷特·罗杰斯发明的。

1. SIP封装：最初SIP的外形如图3.3（a）所示的示意图，封装引脚从一侧引出，排列成直线。这种封装形式可以想象成TO封装的引脚数目增多且排列在一列，然后圆形的管帽缩小成扁方形。因此，SIP封装体制作的工艺流程主要是准备单排引线的框架，将芯片粘结在框架中间并键合，最后塑封成型，具体与第二章的塑料封装工艺类似。此外，SIP插入PCB上的工艺流程需要补充说明。SIP中这些排成一排的引线先进行电镀镍、金、银等金属进行表面处理，增加引线的连接能力，然后将引线卡在PCB板上，通过多种方法包括熔焊、浸焊、波峰焊等方法固定在PCB上。这些方法也会应用于DIP组件与PCB连接上，所以这里统一介绍一下。熔焊是将SIP组件直接插入PCB板中，然后采用电烙铁将焊条熔融，使得焊锡进入PCB通孔，最后焊锡冷却形成连接；浸焊是将PCB通孔内的焊锡预先熔融，然后将SIP组件插入到通孔中，然后焊锡冷却形成连接；图3.4给出了波峰焊的示意图，波峰焊是将SIP做好的封装组件预先插入到PCB的通孔内，然后将PCB板倾斜一定角度通过波峰焊的炉子，其中焊料是通过电泵喷流或者氮气吹到PCB表面，PCB有金属的位置与焊料接触粘附，而没有金属的绿漆位置不会粘附焊料，倾斜角度有助于未粘附的焊料自动流下去，冷却后形成稳定焊点，最后再清洗助

焊剂等。

SIP 的引线节距（中心距）包括 2.54 mm 和 1.27 mm，引脚数目从 2 至 23，SIP 占用 PCB 的面积小，而且适合组件更换和返修，特别适合多系统、小批量集成。

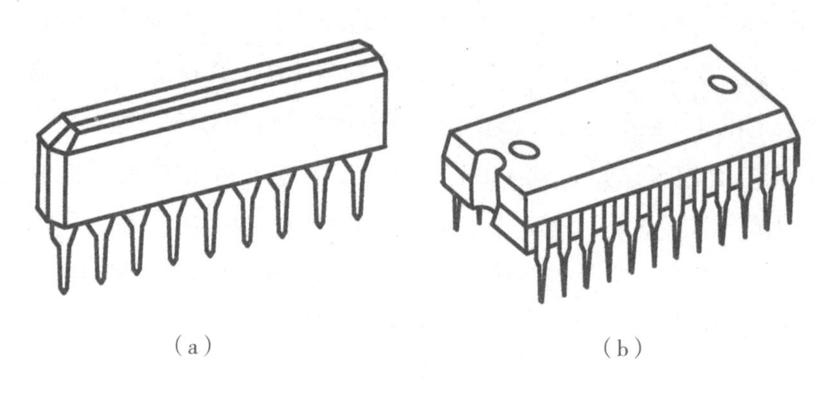

图 3.3　封装结构示意图
（a）SIP;（b）DIP。

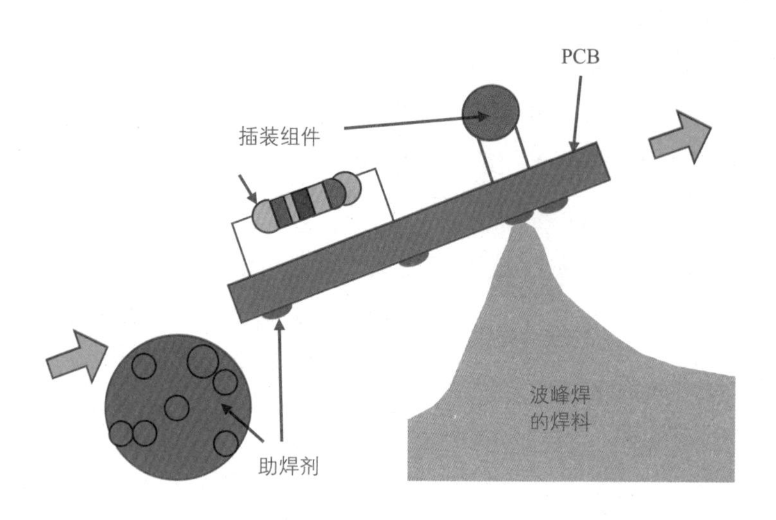

图 3.4　波峰焊连接方法

2. DIP 封装：为了进一步增加封装的引脚数目，带有两排引脚的 DIP 出现了。DIP 封装最被大家熟悉的是应用于 4004、8086 和 8088 款 CPU 上，图 3.3（b）给出了 DIP 的外部结构示意图，图 3.1（c）是现在市场上买到的 DIP 封装样品。DIP 封装就是在封装体外壳的两侧伸出两列引脚，然后插装在 PCB 通孔中，再通过图 3.4 所示的波峰焊连接方法连接在 PCB 板上。与 SIP

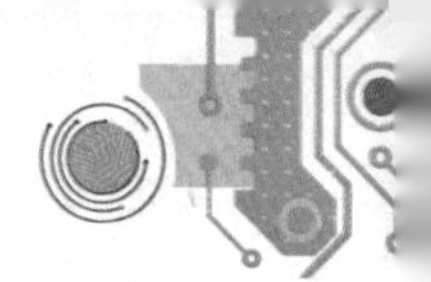

相同，DIP 外侧的引线的中心距（节距）包括 2.54 mm 和 1.78 mm 两种。DIP 封装引线数目范围是 4~100 个，可以分为陶瓷 DIP（Ceramic DIP，CDIP）封装和塑料 DIP（Plastic DIP，PDIP）封装，其中陶瓷 DIP 封装又可以分为单层陶瓷 DIP 和多层陶瓷 DIP。为了让读者能更直观地了解 DIP，此部分着重讲解最初的单层陶瓷 DIP 封装和现在还延用的塑料 DIP 封装。

单层陶瓷双列直插式封装，又称作陶瓷熔封 DIP，封装的形式非常简单，就是在单列直插 SIP 封装基础上，将引脚变成两列，所以需要准备的材料有底座、引线框架、盖板，如图 3.5 所示。底座和盖板的材料主要是氧化铝（Al_2O_3）陶瓷材料，框架的材料主要是铁镍合金。这些不同的材料是如何连接在一起形成封装体的呢？首先在陶瓷底座上印刷一定厚度的低熔点玻璃，在 500℃以下将引线框架烧结固定在底座上；随后将芯片粘贴在底板中间，再将芯片上焊盘通过引线键合连接到引线框架上；最后在盖板上印刷一定厚度的低熔点玻璃，在前面底座烧结的相同温度下实现盖板与引线框架、底座的连接。采用低熔点玻璃作为连接材料原因有多种，主要是低熔点玻璃熔点低，不容易烧坏芯片，也不会导致引线框架等变形；同时可以和陶瓷形成很好的热膨胀匹配，同时不产生有害物质，且封装体能够具有较高的化学稳定性和绝缘性能。多层陶瓷 DIP 封装主要是陶瓷管壳工艺与单层不同，是由一层层的生瓷片，做好金属布线后，再进行多层生瓷片的层压。单层和多层陶瓷 DIP 就类似于芯片的衣服，前者是一层棉纱做成，后者是多层棉纱压制而成。由于多层陶瓷 DIP 封装可以实现多层金属布线，因此可以增加电源面、接地面及接地屏蔽面，从而减小电感、降低信号线间串扰等，改善了封装体的电学性能。

陶瓷 DIP 封装相对单体重量较重，摩托罗拉和仙童半导体公司的研发人员就研发出了一种单体重量较轻的塑料 DIP 封装。优化后的塑料封装体比陶瓷封装重量降低很多，例如引脚数目是 14 的 PDIP 重量约为 1 g，CDIP 重量约为 2 g。

塑料 DIP 封装（PDIP）的外壳材料是塑料的，通常是热固性环氧树脂。PDIP 一般为矩形塑封体，两侧面有双列管脚，相邻管脚节距一般为 2.54 mm，厚度为 2.0~3.6 mm，引脚数目为 6~100 个。PDIP 成本低廉、工艺简单、尺寸小、质量轻，而且自动化程度高，但是其密封性相对较差，容易吸湿。

PDIP 封装能够有上面的诸多特点，主要得益于封装塑料是热固性环氧树脂，这种塑料的材料特性可以总结如下，供读者了解封装选材的原则：

① 热固性环氧树脂的密度为 1.6~2.3 g/cm^3，陶瓷的密度为 3.7~3.92 g/cm^3，因此相同体积的封装体，基于环氧树脂材料的重量就相对较轻。

② 热膨胀系数直接决定加热后各种材料形变的尺寸，因此需要各种材料尽量一致，不然就会出现互相拉扯撕裂封装体的现象。为了更好地分析环氧树脂的热膨胀系数，就需要分析其四周的封装材料，主要包括 Si 芯片、引线框架、金属引线、PCB 等。Si 芯片的热膨胀系数是 3.59×10^{-6} ppm/℃，单位还可以写成 μm/（m · ℃）；引线框架的热膨胀系数（可伐合金）约为 23×10^{-6} ppm/℃，Au 引线键合细丝的热膨胀系数是 1.5×10^{-6} ppm/℃，FR-4 PCB 板的热膨胀系数是 14×10^{-6}~17×10^{-6} ppm/℃，而环氧树脂通过添加高导热氮化硼等填料，可以将热膨胀系数调整至 18×10^{-6}~43×10^{-6} ppm/℃，数值恰好在 Si、PCB 和金属框架的热膨胀系数中间，可以很好地去匹配其四周的封装材料，而不会使得封装体向一个方向翘曲。

③ 环氧树脂与引线 / 框架的粘附性一定要好，防止因粘附性差导致封装

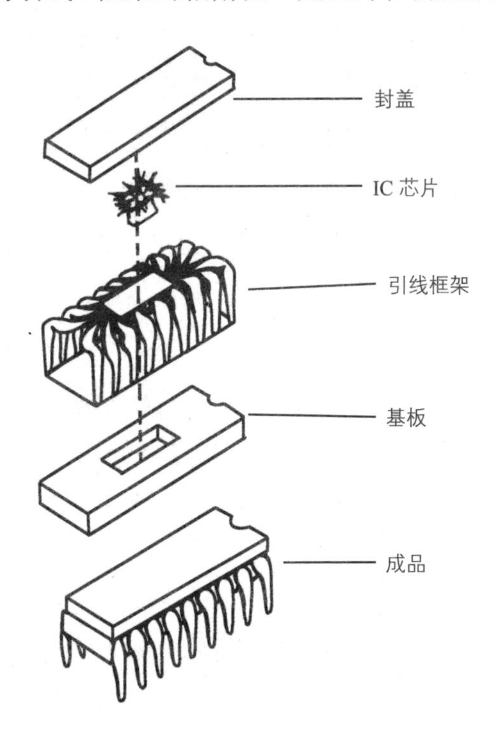

图 3.5　采用单层 CerDIP 的封装步骤

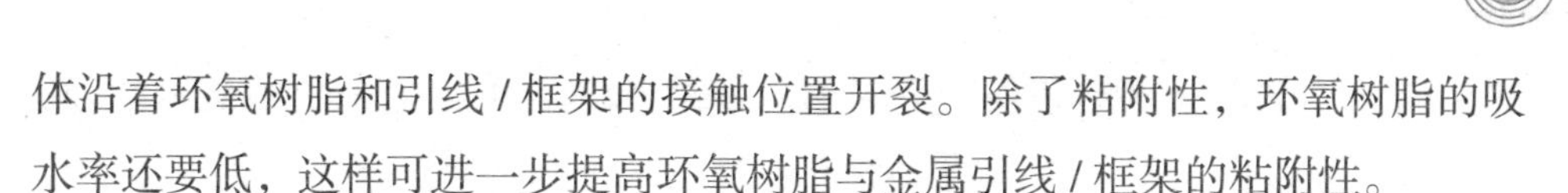

体沿着环氧树脂和引线/框架的接触位置开裂。除了粘附性，环氧树脂的吸水率还要低，这样可进一步提高环氧树脂与金属引线/框架的粘附性。

④ 通常情况下，PDIP 的工作温度可能会在 -65~150℃之间，因此环氧树脂的玻璃转化温度需要大于 150℃。但是也不能太高，如果太高，对注塑机的要求就非常高，会增大生产成本，所以一般的玻璃转化温度都在 150~180℃之间。

⑤ 抗化学腐蚀特性好，物理吸湿和吸气少，绝缘特性好，等等。

PDIP 封装的工艺流程与第二章中塑料封装基本一致，只是在塑封完成后，对于插装的 PDIP 需要进行切筋处理，并将引脚打弯成 90°，用于插在 PCB 板上。最后还需要进行高温固化处理促使模塑料最终完全固化，还需要进行必要的电学测试，验证封装是否合格。

3. PGA 封装：如果说前面两种封装方法较为简单，且封装体的引脚数目较少，那 PGA 封装工艺相对就比较复杂了。

PGA 封装是针栅阵列（Pin Grid Array）封装的简称，针状的引脚排列在封装基板正下方，基板可以是陶瓷、塑料、聚酰亚胺/Cu/陶瓷复合体，因此对应的 PGA 类型包括陶瓷 PGA、塑料 PGA、厚膜/薄膜结合 PGA、聚酰亚胺/Cu/陶瓷复合体 PGA，但是陶瓷 PGA 封装占据主要市场。相对于引脚在四周封装体，PGA 引脚数目大大增加。此外，PGA 封装体插装在 PCB 上减小了四周引脚的占用面积，因此总体占用 PCB 的面积相应减小。

陶瓷 PGA 是 PGA 主要封装类型，此处就以陶瓷 PGA 为例说明其工艺流程。陶瓷 PGA 封装使用的是多层陶瓷封装工艺，电学引出靠的是熔点较高的金属导体做引脚，金属布线的层与层之间连接靠的是制作通孔及金属化填孔。主要工艺流程包括：配置陶瓷料—流延法制作生瓷片—落料—冲层间通孔—通孔金属化—印刷金属浆料做布线—叠片层压—烧结—化学镀镍（Ni）—钎焊引脚—化学镀金（Au）。其中，生陶瓷的原材料一般为 90%~96% 的氧化铝（Al_2O_3）；流延法制成生瓷片，即制备未完全烧结好的陶瓷，具有一定的强度，但不是最终所需的陶瓷基板；落料是形成小尺寸的陶瓷片（如边长为 5 in、8 in）；布线用的金属浆料为钨（W）或者钼（Mo）。

PGA 封装针对内部芯片放置的方式还分成两种类型，第一种是芯片贴装在上部，中间有一层陶瓷层腔体，然后是针状引脚；第二种是腔体在上方，

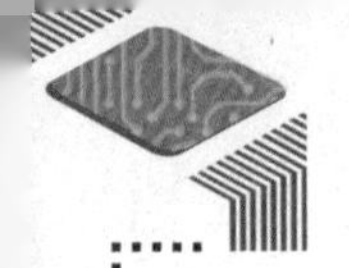

芯片贴装在下部，然后直接接触针状引脚。第二种方法上面可以装散热器，且整个封装体和 PCB 互连的时候导通电阻小，但是封装密度低。

PGA 封装主要用于 CPU 芯片的封装，酷睿移动 MQ 系列之前的 CPU 芯片都采用 PGA 封装，特别是现在还应用于插槽的 CPU 芯片封装，主要原因是 PGA 封装插拔方便、可靠性高。高温烧结的 Al_2O_3 陶瓷的热膨胀系数（6.6×10^{-6} ppm/℃）和 Si 芯片（3.59×10^{-6} ppm/℃）很接近，而 PGA 封装的金属针阵又可以缓冲释放前面二者与 PCB 的热膨胀系数不匹配带来的应力，所以 PGA 的可靠性较高。此处特别说明，大家口中提到的 CPU 指的都是已经将 CPU 芯片进行了封装的整体，并非 CPU 芯片，而此处特意强调了是 CPU 芯片，而 PGA 就是 CPU 的封装后的整体。

虽然 PGA 技术能够一定程度上增加 I/O 引脚数目，且能够缩小系统的尺寸，但是系统的整体重量以及厚度还是很大。而 20 世纪 50—60 年代出现的表面贴装技术又一次给芯片封装带来了技术革命。PGA 技术也由表面插装慢慢向表面贴装进化，下面就着重介绍表面贴装技术，这相当于芯片的传统“外衣”制作方法不再仅仅是各种“缝制”，也可“编”“钩”，等等。

表面贴装（Surface Mount Technology，SMT）

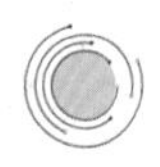

SMT 的封装简介

表面贴装技术（Surface Mount Technology，SMT）是将组件用粘结剂或焊膏粘结在 PCB 板设计好的位置上，进行机械固定，再用波峰焊、回流焊等方法进行引线和 PCB 板的电学连接。其中组件叫做表面贴装组件或元器件（Surface Mount Component/Surface Mount Device，SMC/SMD），这些 SMD 可以有引脚也可无引脚；实现 SMT 技术的设备称作 SMT 设备，包括上板机、焊膏印刷机、接驳台、焊膏检测机（Solder Paste Inspection，SPI）、贴片机、回流炉、自动光学检测机（Automated Optical Inspection，AOI）和下板机。SMT 技术与通孔插装技术不同，它的元器件贴装面和焊接表面在 PCB 的一个面上，PCB 也无需钻孔，具体 SMT 焊接元器件的工艺流程如图 3.6 所示。因

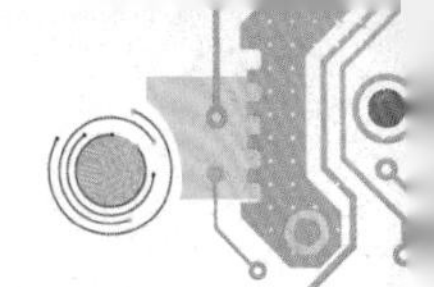

此，SMT 封装的 SMD 器件的体积缩小至原先的几十分之一，从而实现电子产品整个系统的小型化及高密度集成。此外，无钻孔的 PCB 也大大提高了可靠性，回流焊也使得 SMT 自动化程度大大提高，这也是其能够普遍应用的关键。但是，SMT 的元器件和 PCB 要一起进入回流炉进行回流焊，而插装的波峰焊工艺只需要在 PCB 底面接触高温焊料进行焊接。因此，SMT 的回流焊对芯片耐受温度的要求提高了。此外，焊料直接提供机械和电学连接，所以对焊点的要求也非常高。

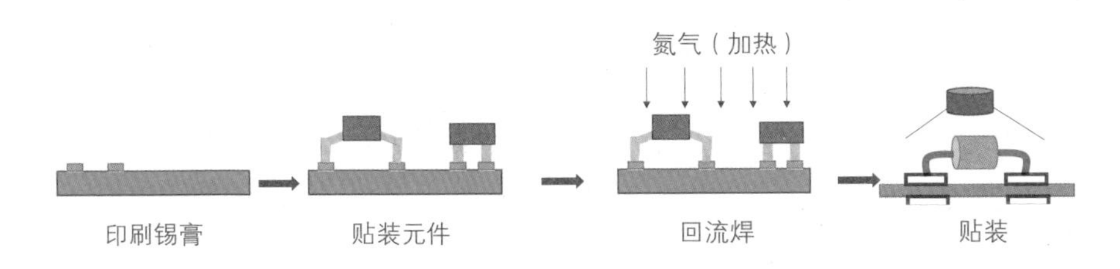

图 3.6　L 形引脚的 SMT 封装的工艺流程

虽然表面贴装发明于 20 世纪 50 年代，但是首次被应用于产品在 1971 年，荷兰的飞利浦（Philips）公司率先将这项技术应用于电子手表。1977 年，日本松下电器（Panasonic）公司也将 SMD 器件在 PCB 表面进行了贴装，制作了 13 mm 厚的薄型收音机，此后 SMT 技术就不断应用于电视机、录音机、电子照相机等消费类电子领域。随后，美国率先将 SMT 技术应用于国防、航天、计算机、电信等领域。SMT 真正发展时期是在 20 世纪 80 年代，其 SMD 的类型也逐渐丰富起来，下面就简单介绍一下它的发展过程。

最初发展起来就是由荷兰 Philips 公司开发的小外形封装（Small Outline Package，SOP），以及后面发展起来的小外形集成电路（Small Outline Integrated Circuit，SOIC）、J 形引脚小外形封装（Small Out-Line J-Leaded Package，SOJ）等一系列围绕小外形（Small Outline，SO）定义的封装类型，引脚在封装体两侧分布，引脚向外翻转（鸥翼形），也可以向内翻转（J 形），J 形是后发展起来的。然后是日本研制出塑料四边引脚扁平封装（Plastic Quad flat Package，PQFP），引脚在封装体四边分布，呈鸥翼形，向外翻转。随后美国发明了塑料有引脚片式载体（Plastic Lead Chip Carrier，PLCC）封装，引脚也在封装体四边分布，呈 J 形。为了进一步满足国防装备需要，美国又研制出了无引脚陶瓷片式载体（Leadless Ceramic Chip Carrier，LCCC）封装，

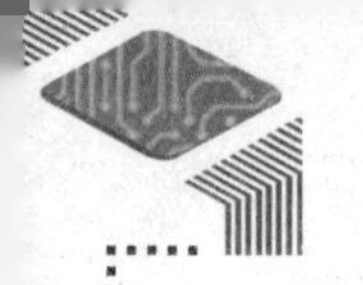

提高了密封性，引脚变成了电极焊盘分布在封装体四边。从前面的发展趋势，我们发现 SMT 的封装体引脚也是从分布在封装体的两侧逐渐变成四边，而引线由向外翻转，逐渐变成向内翻转，以至于最后 LCCC 封装已没有引脚。围绕这些技术，后面排列组合式地出现了很多其他类型的封装形式，这里不一一介绍。

随着集成密度不断提高，四边阵列的 SMT 封装方式已经不能满足集成要求，因此出现了以有机基板为芯片和 PCB 连接的转接板，然后在基板下方形成面阵列焊球，即球栅阵列封装（Ball Grid Array，BGA），以及芯片尺寸封装（Chip Size Package，CSP）、板上芯片封装（Chips on Board，COB）等 SMT 封装方法，但是都是基于有机基板和焊球连接等技术，不是本章讨论的范围，第四章会着重介绍。

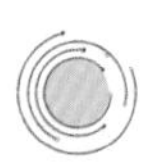

SMD 的分类及常见 SMD 介绍

上面我们已经根据时间大致将 SMT 发展历程进行了梳理，下面就对 SMT 技术中使用的 SMD 器件进行介绍，也是帮助大家了解封装的 PCB 板上需要集成哪些器件，从而才能实现系统的功能。

SMD 可分成无源元器件和有源元器件，无源元器件就是没有晶体管的电容、电感、电阻；有源元器件就是封装好的晶体管和带有晶体管的芯片，有人也称作组件。从定义上来说，带有晶体管的芯片可称作有源芯片，而不带有晶体管只带有电容、电感、电阻的芯片可称作无源芯片。

SMT 技术中无源元器件形式主要分电容、电感、电阻；电容包括陶瓷电容、钽 / 铝电解电容、薄膜电容、三维深孔电容等；电感包括片式固定电感、片式可变电感、片式 LC 滤波器、片式变压器等；电阻包括厚膜电阻、碳膜电阻、金属膜电阻、精密热敏电阻、扁平封装电阻网络、半可调电位器等。这些无源元器件的作用就是由于电路中存在很多寄生电容、电阻、电感，需要额外的无源元器件进行匹配，从而实现电路的电源电压和信号的稳定。这类似于给衣服做一些简单的装饰，从而弥补衣服的单调性和不对称性等缺点。如果没有这些无源元器件，电源的稳定性会非常差，信号会出现噪声甚至延迟，因此无源元器件的重要性不言而喻。

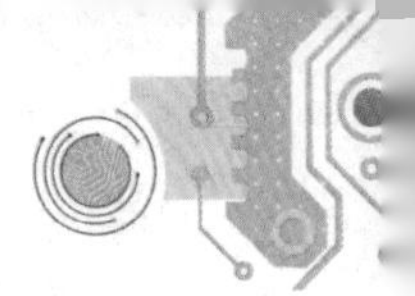

在此基础上，各大封装厂为了迎合器件发展的需求，进一步推动有源器件中二极管、三极管等单器件的表面封装形式的发展，其中二极管的表面贴装多为圆柱形和片式（两端、多端）封装，三极管多为三端或者多端片状封装，两端或者三端引脚被弯折成易于贴装的L形或J形，用于与PCB连接，其中小外形晶体管（SOT，small outline transistor）封装就是直接封装单个晶体管，如SOT23（封装小功率晶体管，如二极管和场效应晶体管），SOT89（封装功率较大的晶体管），SOT143（封装场效应晶体管和高频晶体管）。此外，有源器件还包括前面介绍过的中小规模/超大规模的集成电路封装，例如SOP系列封装、PLCC封装、LCCC封装和QFP封装等，如图3.7所示。下面就针对这几种集成电路封装，从概述、类型、材料、工艺等角度着重介绍。

（a）　　（b）

（c）　　（d）

图3.7　集成电路封装中的四种SMD有源器件

（a）SOP；（b）PLCC；（c）LCCC；（d）QFP。

1. SOP系列封装：小外形封装即Small Outline Package，它的引脚从两边引出，如图3.7（a）所示。因此，SOP实际就是将DIP封装的管脚向外弯折成90°就可以实现SOP封装的器件制备，最后再通过回流焊的方法表面封装在PCB板上。这种封装方法的引脚也有两种形式，L形翼型向外弯曲的引脚成为SOP，具体如图3.7所示；另外一种是J形引脚，称为SOJ，由于其引脚是在封装体底部向内弯曲，所占PCB的面积比SOP小，系统集成性更高。

封装体中集成的芯片类型包括小规模集成电路、引脚数目较少的大规模集成电路。

根据日本电子机械工业协会（EIAJ）标准，SOP有三种类型，包括常规型、窄引脚节距型（Small SOP，SSOP）、薄型SOP（Thin SOP，TSOP）。常规型的SOP引脚节距是1.27 mm，引脚宽度0.4 mm，引脚厚度为0.2 mm，具体如表3.1所示。表中也显示了SSOP和TSOP的尺寸参数，明显看出SSOP的引脚节距、宽度都减小了，封装整体尺寸缩小了；而TSOP的引脚节距、宽度、厚度都减小了，说明TSOP是所有类型中封装尺寸最小的，引脚个数也可以做到最大。

表3.1　各种SOP的尺寸参数

	SOP	SSOP	TSOP
引脚节距（mm）	1.27	1.0，0.8，0.65，0.5	0.65，0.5，0.4，0.3
引脚宽度（mm）	0.4	0.4，0.35，0.30，0.20	0.30，0.22，0.18，0.14
引脚长度（mm）	⩾0.76	1.0	0.8
引脚厚度（mm）	0.2	0.10~0.35	0.09~0.20
引脚个数	6~42	10~58	16~76

SOP封装的引线框架材料主要包括可伐合金、42铁镍合金及Cu合金。选择这些材料的主要原因是可焊性好，易与引线连接；柔性大，易弯折，可承受焊接带来的应力变形；导电性好，互连的电阻低，延迟小；导热性好，散热快。以上的解读有利于读者了解封装材料的特性，后续还会继续按照这种模式让大家了解更多的材料选择。SOP常用的封装外壳材料基本都是塑料环氧树脂，也就是塑料封装，所以封装整体工艺就是第二章阐述的塑料封装工艺流程，在塑封出模之后，经切筋整修，再对框架外的引脚进行打弯成型，形成J形或L形引脚。最后再经过高温考核、功率老炼等可靠性试验，筛选封装体，剔除有制造缺陷的产品，找到电学失效的原因，确保产品的合格率。

为了便于读者识别市场上的SOP封装，现简单介绍一下SOP的命名方法及别名。SOP后面的数字表示引脚数目，如SOP-8代表有8个引脚，SOP-28代表有28个引脚。SOP又称SOIC（Small Outline Integrated Circuit），业界往往把“P”省略，又称作SO（Small Outline）。SOIC、SOP虽然是一种封装方法，引脚节距是一样的，但其他参数却有些差异，这可能是各个公司不同

命名习惯导致的，所以在看到 SOIC-28 和 SOP-28 时应当注意封装尺寸参数是否完全一致。

2. 塑料有引脚片式载体封装（Plastic Lead Chip Carrier，PLCC）：前面 SOP 是从塑料封装体两侧引出管脚，而 PLCC 封装是从封装体的四面引出管脚，且引脚向封装体的下面弯曲，如图 3.7（b）所示，因此 PLCC 引脚数目比 SOP 多很多。片式载体封装指的是封装体内，和集成电路芯片接触的载体是片式的。这种 J 形引脚向内弯曲，在外引脚上电镀或者浸渍焊接材料，通过回流焊和 PCB 板进行连接，缩小了引脚占据 PCB 的面积，增大了系统的集成度。PLCC 封装出现的时候主要应用于计算机微处理单元集成电路、专用集成电路（Application Specific Integrated Circuit，ASIC）及门阵列电路等大规模集成电路，现在多用于低成本的引脚数目较少的集成电路封装。

根据固态技术协会（Joint Electron Device Engineering Council Soild State Technology Association，JEDEC）标准，PLCC 根据外壳形状分为方形 PLCC 和矩形 PLCC 两种类型，但引脚的节距都是 1.27 mm，是延用常规 SOP 的引脚节距，引脚数目范围为 18~124 个。PLCC 的框架材料多是 Cu 合金，这是因其导电效果好，而且散热效果好。在系统晶体管增多、引脚数增多的情况下，芯片发热量也相应增加，只有较好的导热效果才能满足封装散热需求。PLCC 的外壳材料是塑料（环氧树脂），因此与 SOP 塑料封装的工艺流程基本一致，这里不再赘述。PLCC 的命名方式基本也是根据引脚数目分类，方形和矩形的引脚数目不同，命名可以区别其到底是方形还是矩形 PLCC 封装。方形 PLCC 封装引脚数目主要是 18、28、32，所以命名为 PLCC-18，PLCC-28 和 PLCC-32；矩形 PLCC 封装引脚数目主要是 20，28，44，52，68，84，124，其中 PLCC-28 包含两种封装形式。此 PLCC 封装和 SOP、DIP 封装方式对引脚的命名顺序也不同，如果有需要可以进一步阅读相关书籍。

3. 无引脚陶瓷片式载体封装（Leadless Ceramic Chip Carrier，LCCC）：PLCC 是四边有引脚的塑料封装，但是塑料封装的气密性相对较差，因此美国又研制出气密性较好的无引脚陶瓷片式载体 LCCC 封装。其实后期还出现了有引脚陶瓷片式载体封装 LCCC，此处的 L 是 Leadless 的简写。相对于有引脚陶瓷片式载体封装，无引脚陶瓷片式载体封装因为没有管脚使得占用 PCB 的面积更小，所以此处只介绍无引脚陶瓷片式载体封装，用 LCCC 作为

简称。LCCC 四个侧面都没有引脚，且是向内凹陷的凹槽，如图 3.7(c) 所示。凹槽表面电镀制备了粘附性好的金属层，如 Au、Ni-Au 等，可以直接采用回流焊于 PCB 板进行焊接，也可以插到 PCB 的插座里面。这种封装无引脚，互连长度短，电阻小，因此信号延迟小，寄生电容也小，同时陶瓷耐腐蚀性好、密封性好，特别适合用于高可靠性领域的高频高速的大规模集成电路封装，目前也占有一定的市场份额。日本电子机械工业会还提出一种四方扁平无引脚封装（Quad Flat No-lead Package，QFN）。

和 PLCC 一样，LCCC 外形也包括正方形和矩形两种，而正方形 LCCC 有 16、20、24、28、44、52、68、84、100 和 156 个引脚，矩形 LCCC 有 18、22、28 和 32 个引脚。除了按照外形分类，LCCC 还有很多分类方式，如外壳上表面是否有密封盖板。这主要是陶瓷封装需要散热，而安装散热方式有所不同。由于 LCCC 封装没有引脚，LCCC 的引脚节距就很多，除了 1.27 mm，还包括 1.0 mm、0.65 mm 直至更小的 0.5 mm。LCCC 封装是含有 90%~96% 氧化铝的多层陶瓷，互连导体为钨（W）、钼（Mo）等难熔金属，然后一起高温烧结制成封装基体管壳，密封管壳的盖板与基体焊接采用的是高温焊接，这个与通孔插装里面的多层陶瓷封装工艺基本一致，这里也不再赘述。

4. 四边扁平封装（Quad Flat Package，QFP）：为了满足大规模和极大规模集成电路封装需求，在 SOP 封装技术基础上进一步演化成四边扁平封装（Quad Flat Package，QFP）。QFP 封装是正方形封装，引脚分布在封装外壳的四周，一般引脚都是向外弯曲的翼形，如图 3.7（d）所示。而也有 J 形引脚的封装被称作 QFJ 封装，和 PLCC 封装相同，只是不同公司的叫法不同。

QFP 封装体引脚节距一般小于 0.65 mm，最小可达 0.3 mm，因此引脚数目最多可达 500 个，多用于 80286 CPU 时代的微处理器、通信芯片等复杂芯片，例如微处理器 AT91RM9200 的封装形式就是 QFP208，引脚数目有 208 个。由于其引脚数目多，芯片面积占用封装体面积的比值小，QFP 成为 20 世纪 90 年代初大规模和极大规模集成电路最主流的 SMD 产品。

随着 QFP 技术的不断改进，出现了很多不同类型的 QFP。例如薄型 QFP（Thin QFP，TQFP）、细引脚节距 QFP（Fine Pitch QFP，FQFP）、缩小型 QFP（Shrink QFP，SQFP）、带保护垫的 QFP（BQFP）、塑料 QFP（PQFP）、陶瓷 QFP（CQFP）、载带 QFP（Tape QFP）。普通的 QFP 的封装体厚度一般

在 2.0~3.6 mm，引脚节距通常为 1.0 mm、0.8 mm 和 0.65 mm。而薄型的 QFP 一般厚度为 1.4 mm、1 mm，甚至更加薄，引脚节距只有 0.5 mm、0.4 mm 和 0.3 mm，这主要是为了满足薄型电子产品系统的需求，例如早期的手机、笔记本电脑，图 3.7（d）所示的就是 TQFP。在 QFP 出现的时代，引脚节距 0.5~0.8 mm 就是窄节距，0.5 mm 以下的引脚节距是超窄节距。FQFP 的出现就是使封装体更加轻薄、短小，因此更为偏向于降低引脚节距，主要引脚节距在 0.5 mm、0.4 mm 和 0.3 mm，和 TQFP 的引脚节距基本相同。这类 FQFP 其实又被称为缩小型 QFP，因为整体体积都缩小了。这种引脚节距非常小的封装体存在引脚容易变形的问题，带保护垫的 QFP 封装就是很好地解决了这个问题，就是在封装体四个角加上凸出的缓冲垫，防止包装、运输、后面的组装工艺引起引脚损坏，这也是美国最先研发的。除此以外，根据封装材料的不同，QFP 又分为塑料 QFP 和陶瓷 QFP，陶瓷 QFP 可进一步提高塑料 QFP 的密封性和可靠性等。载带 QFP 就是 QFP 封装体里面的芯片与框架的连接方式，不是引线键合，而是载带自动焊的方式。

本章系统地为读者介绍了传统的框架型封装的分类、特点等，以供大家了解电子产品中各种封装，知道了这些封装方式就大致可以看懂电子产品封装分类是什么，最重要的是了解演化过程及封装类型，有助于了解驱动封装技术发展的内驱力，熟悉了封装类型就找到了封装的改进的方向，未来了解更多的先进封装技术，甚至创造先进的封装技术才会成为可能。

第四章　典型的基板型封装
——芯片的“中山装”

第三章主要介绍了典型的基于引线框架的芯片封装类型，是非常传统的封装形式。随着集成电路的晶体管数目不断增多，引脚式的基于引线框架的封装已经无法进一步提高输入输出数目，因此产业界和学术界开始研发新的封装技术。本章主要针对四边扁平封装（QFP）后出现的球栅阵列封装（BGA）和芯片级封装（CSP）技术进行讲述，这两种技术与引脚式封装有本质的区别，这就像中山装外套一样，与之前出现的所有汉服都有所不同。其中，BGA 封装是芯片“比较正式的外穿中山装”，通过如倒装焊的焊球、基板和模塑料等才可以和 PCB 连接；但 CSP 封装则是芯片“贴身穿着的小西装”，可以直接通过焊球和外面的 PCB 连接，也可以连接一层非常薄的基板和 PCB 连接，关键就是和芯片“贴身”。

球栅阵列封装（BGA）

为了满足集成电路输入输出数不断增加的需求，四边扁平封装（QFP）的引脚节距要求不断缩小，但是成本非常高，而且失效率也非常高。美国摩托罗拉公司与日本的 Citizen 公司在 20 世纪 90 年代提出了球栅阵列封装技术（Ball Grid Array，BGA），极大地提高了系统的输入输出端口和集成度，这种技术最初被应用于便携式电话及个人计算机中。下面就来揭开 BGA 的神秘面纱。

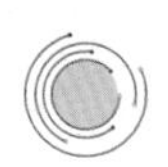

BGA 封装的基本概念及特点

球栅阵列封装（BGA）又称球形触点阵列、焊球阵列、网格球栅阵列和球面阵，实际上就是将封装体的针状引脚转化成焊球，排布在封装基板的下方，芯片排布在基板上方或者和 BGA 焊球同在基板的一侧。因此，BGA 与 DIP、SOP、QFP 等封装在本质上不同的特点就是用基板取代了框架，焊球取代了针状引脚。焊球最早出现在倒装焊技术中，是 IBM 公司最早提出采用焊球实现 C4（Controlled Collapse Chip Connection）焊接技术，将芯片与基板实现连接。而 BGA 技术在基板的正面贴装芯片并进行塑封，又在基板的背部制作了焊球，最后利用焊球再次回流熔融实现基板与 PCB 板连接，最终实现封装系统的组装。那么，BGA 封装就有了自己独特的封装特点。

1. 极大地增多了输入输出端口数：首先，相对于 QFP 最小极限节距是 0.3 mm，BGA 的焊球节距可以缩小至 0.15 mm。其次，QFP 针状引脚只能在封装体的四周，而 BGA 的焊球可以在封装体下方，以全阵列的方式排列。因此，高集成度、高密度的应用都可以采用 BGA 封装。

2. 失效率低：首先，焊球被加热进入熔融状态后，可以自动润湿 PCB 板表面，对基板和 PCB 的错位有一定的矫正作用，这样可以降低对位误差导致的连接失效。其次，焊球在熔融润湿后会受到上方基板重力作用被压平，因此可以减少针状引脚不平整导致的连接失效。此外，焊球连接的面积大，焊接的失效率也大大降低。

3. 改善了电学性能：首先，由于焊球在基板底部，缩短了芯片上焊盘与 PCB 上焊盘的连接距离，即缩短了信号的路径，大大减小了互连电阻，互连延迟也会大大减小。此外，焊球之间的寄生电感和电容较小，进一步降低了这些寄生参数带来的信号损耗，改善了信号传输的电学性能。因此，高性能的应用场景，如多芯片模组封装（MCM）可以应用 BGA 封装。

4. 大大缩小封装体面积：同样的引脚数目和引脚节距，例如 208 个引脚数目，引脚节距 0.5 mm，QFP 的引脚在四边，所以正方形外框尺寸至少 $0.5 \times (208/4-1)=25.5$ mm，而 BGA 封装按照基板下方都是焊球的全阵列排布设计，$\sqrt{208} \approx 14.4$，也就是 $15 \times 14=210$ 的焊球阵列就可以实现 208 个引脚数目，而

封装体的最小尺寸长为 0.5 ×（15–1）= 7 mm，宽为 0.5 ×（14–1）= 6.5 mm，BGA 封装的面积约为 QFP 的 7.28%。

5. 焊接牢固：焊球相对于针状引脚不容易弯折损坏，且焊球连接的接触面积大，连接牢固，不容易损坏。

6. 散热好：焊球连接的接触面积大，导热的路径面积就大，因此散热好。

7. 可返修：BGA 封装的焊球可以再熔融，因此封装体可以被替换，可以返修。

由于 BGA 封装有以上优点，从 20 世纪 90 年代开始，BGA 封装开始被广泛应用，从微处理器到各种器件的封装。因此，BGA 封装的类型也比较多，下面着重对其分类及结构进行阐述，也就是芯片不同类型的“中山装”。

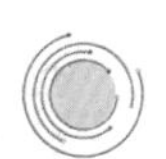

BGA 封装分类及结构

根据基板的材料，BGA 封装分为塑料封装（Plastic BGA，PBGA）、陶瓷 BGA（Ceramic BGA，CBGA）、金属封装（Metal BGA，MBGA）。根据焊球种类，BGA 封装分为普通 BGA（焊球 BGA）和陶瓷圆柱栅格阵列封装（Ceramic Column BGA，CCGA）。根据封装体中芯片和基板的连接方式，BGA 封装分为引线键合 BGA（普通 BGA）、载带 BGA（Tape BGA，TBGA）和倒装焊 BGA（Flip Chip BGA，FCBGA）。其他封装还包括带散热器 BGA（EBGA）等。本节主要介绍一些普通 BGA 封装，也就是塑料 BGA 封装、陶瓷 BGA 封装（陶瓷圆柱 BGA 封装）、载带 BGA 封装以及非常重要的 FCBGA 封装。这些封装非常有代表性，其他封装形式都可以在此基础上推断出来。

1. 塑料 BGA 封装：最常用的 BGA 封装就是塑料 BGA（PBGA）封装，其截面图如图 4.1 所示，主要包括芯片、环氧树脂模塑料、引线、贴片胶、BT 树脂（Bismaleimide Triazine）组成的基板、基板上的过孔、焊料微球。PBG 是芯片通过引线键合连接到基板上的焊盘上，然后为了增加密封性和引线的固定性，采用模塑料进行注塑密封。上下两层金属 PBGA 的制备流程包括用两层 Cu 箔层压中间一层 BT 树脂，然后在基板的四周及需要的位置钻通孔，电镀金属 Cu。在基板一面的 Cu 箔表面沉积光刻胶，刻蚀 Cu 箔，去

除光刻胶，沉积阻焊层，光刻刻蚀阻焊层；再在基板的另外一侧的Cu箔重复上述工艺，最后形成引线键合的电极、安装焊球的焊盘、导电互连布线。PBGA安装在PCB上的流程通常是在PCB上模板印刷了焊膏，再将PBGA底部的焊球与PCB上的焊盘对准，然后贴装在带有焊膏的焊盘上，在回流工艺条件下进行焊球再回流，焊球就会熔融和PCB表面发生润湿作用。这种润湿作用是PCB焊盘上Ni-Au金属与旁边的阻焊层和熔融的焊料存在粘附差异，Ni-Au金属与焊料粘附性好，阻焊层与焊料粘附性差，就会形成一个球冠，这类似于水滴在玻璃上会形成球冠一样。焊膏的作用包括粘附固定焊球、熔融连接焊球。回流工艺在第三章中已经介绍过。

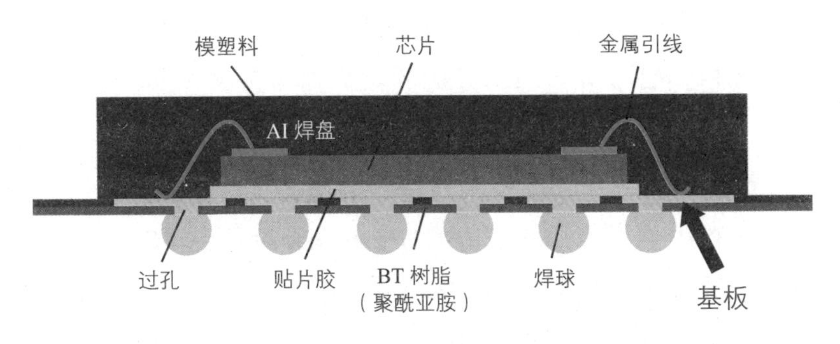

图4.1　塑料BGA封装的截面演示图

从上面介绍可以知道，PBGA可以沿用PCB的工艺和成本低廉的材料，因此制造成本低。PBGA采用的材料一般和PCB上采用的材料相似，包括基板材料BT树脂、阻焊层聚酰亚胺、覆铜通孔互连金属等，因此，基板材料与PCB材料的热膨胀系数相近，热应力低。但是PBGA也存在一定的技术挑战，包括容易吸收潮湿气体，封装芯片摆放不平整，基板中阻焊层粘附性差、在回流过程中容易产生爆破，芯片尺寸较大时可靠性差，这些挑战在输入输出端口增多时会变得更加严重。

2. 陶瓷BGA和陶瓷圆柱栅格阵列封装CCGA：虽然PBGA成本低、制备工艺简单，但是密封特性相对较差，对潮湿气体敏感。陶瓷球栅阵列封装，即CBGA（ceramic BGA）很好地解决了这些问题，具体截面图如图4.2（a）所示。这是最早IBM基于倒装芯片C4技术开发的封装形式，其中芯片与陶瓷基板以焊球连接，再添加下填料增加强度，然后通过粘结剂与陶瓷盖板连

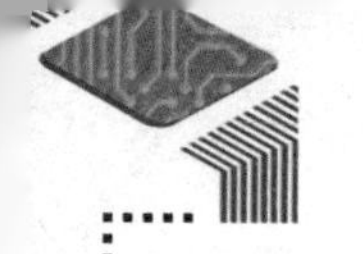

接，最后将陶瓷基板与 PCB 连接。其中芯片与陶瓷基板连接采用的是高温焊料 10%Sn–90%Pb，陶瓷基板表面先沉积低温共晶焊料，再放置高温焊料 10%Sn–90%Pb 形成的焊球，然后进行低温共晶焊料的回流工艺形成连接。随后在 PCB 焊盘表面沉积低温共晶焊料 63%Sn–37%Pb，放置 CBGA 封装体后，再进行低温共晶焊料的回流工艺。因此，高温焊料只进行了 2 次低温回流，这可以防止高温回流带来的焊接强度的减弱，从而提高可靠性，这是工业界普遍采用的工艺流程。但是随着 Pb 污染环境问题的提出，无铅焊料正在取代有铅焊料，例如 Sn/Ag、Sn/Ag/Cu 和 Sn/Ag/Bi，相应的回流工艺温度随之发生了一些变化，但是基本的流程还是不变的。

CBGA 封装存在明显的技术优势，高气密性，电学性能好。特别是采用倒装芯片技术，可以极大地满足有大量输入输出端口的芯片集成；也可以减小互连长度，减少互连延迟。因此，特别适合高性能、高密度的应用领域。

CBGA 封装也存在一些缺点，就是热循环可靠性差、重量大、成本高。从以上结构说明可以看出，CBGA 中的陶瓷基板与 PCB 的材料迥然不同，热膨胀系数差别也较大，从而导致的热应力也比较大，因此多次的热循环会降低其可靠性。为不损害其可靠性，后面几次回流工艺都采取了低温回流，对应采用了低温共晶焊料。但是当焊球数目超过一定数值（约 625 个），封装体尺寸大于某一数值（23 mm^2），出于可靠性的考虑，不建议采用 CBGA。

为了满足大尺寸封装体的需求，以及提高热循环可靠性，例如应用于汽车、工业电子、航空航天、无线通信、卫星等，在 CBGA 基础上扩展的陶瓷圆柱栅格阵列封装（Ceramic Column Grid Array，CCGA），也称作圆柱焊料载体（Solder Column Carrier，SCC），如图 4.2（b）所示。CCGA 采用 10%Sn–90%Pb 焊柱代替焊球，一般焊柱高度为 18 mm。焊柱可以在 BGA 封装体和 PCB 发生应力不匹配时吸收热应力，因此其热循环可靠性高、耐热性好；同时这种封装容易清洗。但是 CCGA 的焊柱特别容易发生机械损伤，而且在低温共晶焊料熔融时容易发生弯折。

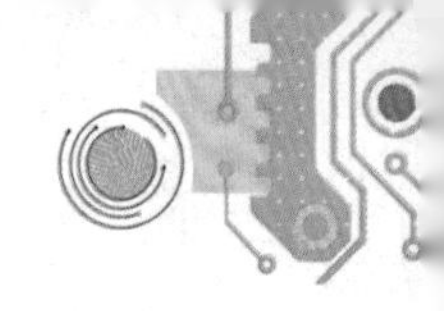

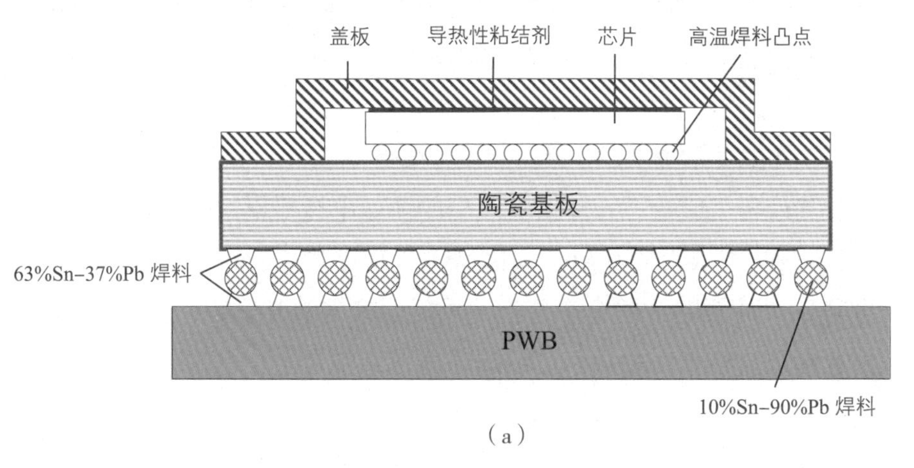

（a）

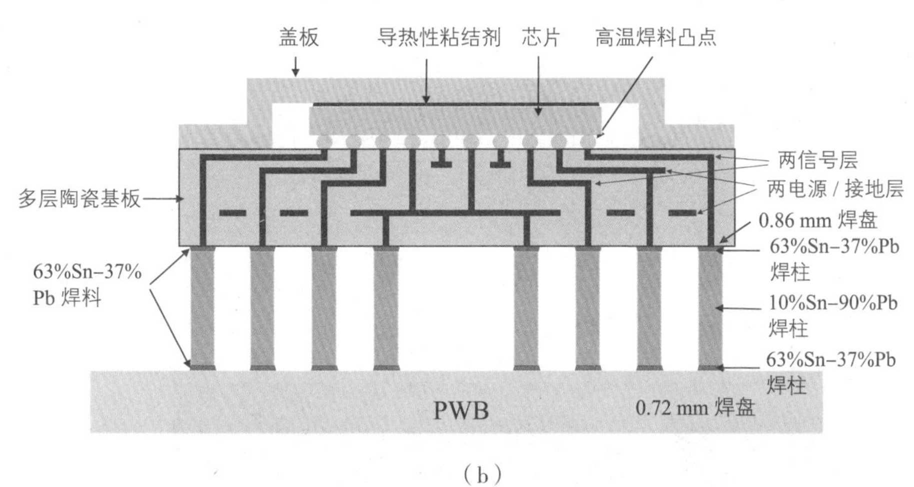

（b）

图 4.2　CBGA 和其扩展形式 CCGA 的截面示意图
（a）CBGA；（b）CCGA。

3. 载带 BGA 封装：载带球栅阵列封装（Tape Automated Bonding BGA，TBGA），又被称作阵列载带自动焊（Array Tape）。前面讲到的 PBGA 中芯片和基板是靠引线键合连接的，而 CBGA 和 FCBGA 中的芯片和基板的连接是靠焊球连接的，即倒装焊。在第二章我们已经了解，芯片与框架或基板连接的一级互连技术包括引线键合、倒装焊、载带自动焊三种方式。因此，TBGA 应运而生，即芯片和基板的互连方式是载带自动焊，而 TBGA 中特殊的就是基板是由 PI 材料和 Cu 箔支撑的载带制作而成，两者合二为一，具体如图 4.3 所示。其中，双层金属载带基板的上表面 Au 凸点和芯片上焊盘进行热压键合实现内连接，双层金属载带基板的下表面的焊球与PCB进行组装。TBGA中由于载带本身强度不足，就采用Cu加固板增加强度，而芯片的主要散热途径是上层Cu散热片。

TBGA载带基板的制作方法是先在PI载带制备孔，包括放置芯片的腔体、通孔，然后再电镀通孔，随后在载带的两面电镀更厚的金属，最后再化学镀镍金，增加Cu表面的粘附性。这是整个载带基板的制作流程，接下来还有分成若干个放置芯片的单个基板，进行后续的芯片安装，表面贴装等。取单体放置在植球机上，然后回流将焊球连接到载带上，再在载带基板的四周粘附Cu加固板，这个加固板和载带相同，都是环形方框，中间位置镂空，用于连接芯片。随后在加固板和载带的中心位置安装芯片，采用热压的方法进行连接。最初这种连接只能用热压键合方法，但是随着倒装焊技术的开发即应用，也可以采用焊球的熔融进行芯片和载带的连接，此时相当于TBGA里面加入了FCBGA。此步骤结束后，需要用环氧树脂将芯片固定，因为载带比较软，强度和密封性都较差。随后再粘附散热板在封装体的上表面，最后的截面图如图4.3所示。

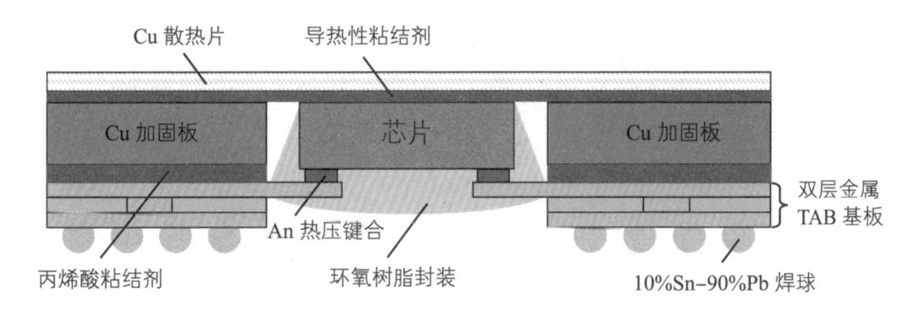

图 4.3　TBGA 封装结构

由以上结构和工艺可知，与PBGA比较，TBGA大大缩短工艺时间，增加了输入输出端口数，范围达200~1000个。而且载带直接作为基板，整个TBGA封装体的厚度也大大降低，因此TBGA是所有封装类型中厚度最小的。由于载带作为基板的原因，芯片和PCB之间的互连长度也缩短了，比PBGA、CBGA等封装的电学性能都好。此外，由于基于Cu箔的双层载带与Cu加固板、散热板等材料组成都有Cu，因此热膨胀系数非常接近，因此热应力很小。但是TBGA和PBGA一样都存在吸湿的问题。

4. 倒装芯片－球栅阵列封装（FCBGA）：FCBGA 与 TBGA 的区别就是基板完全为有机基板，不再是载带，但是制备的原理和载带也基本一致，与 PCB 制备的工艺也很类似，都是准备基板核，然后冲孔、电镀、金属化、再做绿漆保护，等等。FCBGA 的截面图如图 4.4 所示，其中芯片和基板的连接采用的是 C4 焊球，通过模板印刷焊料、回流工艺实现焊球在芯片上成型。由于此处焊球的尺寸较小，所需灌封下填料要增加强度。同时，制备 2 层金属或者 4 层金属的基板，基板中心是 BT 树脂或包含 BT 的玻璃织物，然后上下层粘附 Cu 箔，再沉积 PI，以此类推增加总厚度，当然里面的图形化是需要重复冲孔、电镀、金属化过程的。这些具体的工艺会在之后讲解倒装芯片具体技术细节时讲到。

FCBGA 的典型特点就是输入输出端口数多，封装密度高；寄生电感小、互连长度短，因此延迟等电学性能好；与表面贴装的模板印刷焊料技术兼容，工艺成本低；可返修性强，包括芯片和基板都可以利用焊球的再熔融进行返修；相对于 TBGA，机械强度增大了，可靠性也提高了。但是 FCBGA 仍然存在吸湿性大的问题。

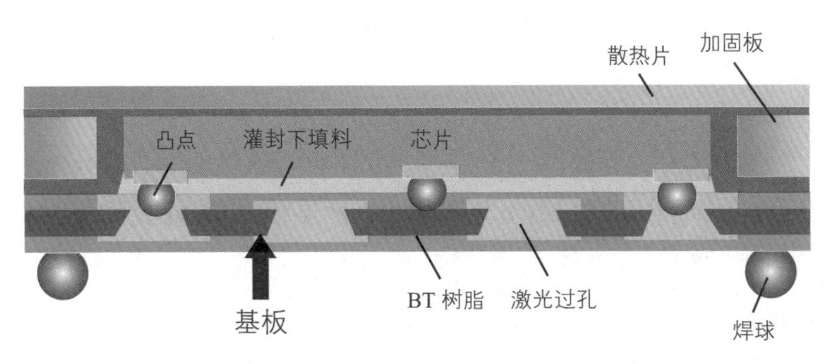

图 4.4　倒装焊球栅阵列（FCBGA）截面图

BGA 封装的设计、工艺、检测与返修

为了提高 BGA 封装的可靠性，就要从结构设计、工艺设计、选材设计，检测及返工等方面进行诸多优化。因此，下面针对 BGA 封装在设计、工艺、检测和返工方面应当注意的事项做一些说明。

1. BGA 设计：BGA 封装相对于传统封装形式更加复杂，设计规则需要考

虑的内容就更多。这可以类比于最初衣服形式是树皮等，不需要怎么设计，只要穿在身上就可以了。可是随着复杂汉服的出现，需要设计多层衣服；之后出现了中山装，需要按照人的身体尺寸、比例设计，不然穿起来容易出现塌肩、不舒适等问题。BGA 封装设计也是如此，需要考虑多种因素，包括电学信号问题、散热问题和热应力匹配问题。

工欲善其事，必先利其器。想要很好地设计 BGA 封装，首先需要了解哪些仿真工具可以用于设计。Altium 公司推出的 Protel 软件是 PCB 设计首选软件，针对 BGA 封装的设计也是非常优秀的，包括电学互连检测，布线间距控制等。此外，Altium 公司推出的另外一款软件 Altium Designer，系统功能更加强大，包括原理图设计、电路仿真、绘制编辑图形、自动布线、信号完整性分析、设计输出等，是被业内广泛应用的 PCB 和 BGA 封装的设计软件。Cadence Allegro 是 Cadence Design Systems 公司开发的电子设计自动化（EDA）工具，可以同时协同芯片设计、封装设计和 PCB 板级设计，性能更高，后来在此基础上产生了 Cadence APD（Cadence advanced packaging designer）。除以上三种功能强大的软件，PAD 公司还专门开发了 BGA 设计的 Power BGA 软件，Fisher 公司也开发专门用于 BGA 设计的 Encore BGA 软件。此外，还有一些手动画图软件，如 OrCAD，但是没有电路纠错功能。

下面我们以 Cadence APD 软件为例，简单说明 BGA 设计的流程。首先，在 BGA 库中选择依据 固态技术协会（Joint Electron Device Engineering Council Soild State Technology Association，JEDEC）标准设置的 BGA 封装元件，这大大简化了封装的步骤，加快了设计速度，此处可以选择是否自动进行网络布线（Auto Assign），即自动根据输入的芯片信息分配尺寸合适且一定数量的焊球。具体设计过程中准备的设计参数有封装体尺寸、芯片尺寸、封装体层数，芯片上焊盘的个数、名字、位置、尺寸，焊球个数、命名、节距、直径，网表。因此，设计引线键合 BGA 的一般包括下述步骤。第一步，设计不同层基板参数，以及过孔、焊盘等参数，预制可调入 Cadence 的文件。第二步，在软件中调入预先设计好的 BGA 焊盘参数，包括 BGA 基板上焊盘位置、尺寸、名字等，可以调入也可以自己生成。第三步，在软件中调入预先设计好的芯片参数，包括芯片焊盘的个数、名字、位置、尺寸，可以调入也可以自己生成。第四步，定义芯片和焊球之间的关系，即网络连接。如果开始设计时选

择了自动分配（Auto Assign）功能，引入芯片信息后软件就会自动分配芯片到BGA焊球的映射，而如果没有选择自动分配功能，就需要采用软件内置的交互式布线工具的分配映射，就是指定所需的BGA焊球对应到指定的芯片上焊盘，此时为了获得满足布线设计规则检查（DRC）的连接，可以打开软件中扩大迹线（Stretch traces）功能。第五步，BGA基板上设计第一层焊盘即与芯片进行连接的金手指设计，并将金手指和芯片焊盘进行引线键合设计。第六步，根据第一步设计的不同层基板设计，进行基板正面布线、过孔、背面布线的连接。第七步，为了满足不同芯片的集成需求，基板上一般有不同电源电压，因此多层BGA基板都需要对电源层进行分割，也需要对电源层和地线层进行分割，所谓的分割就是人为地划出一层，并赋予其属性为隔离层（Anti Etch），并进行动态覆铜（Dynamic）设置，覆铜的实际工艺目的有减小地线的阻抗，提高抗干扰的能力，以及降低电压、进行PCB热应力匹配等作用，所以需要在合适的位置进行电镀Cu。最后一步，进行系统DRC检查、优化布线等，输出文件用于基板制作。

以上的设计步骤，读者不必纠结于软件操作细节，而是应该理解操作的理论意义，这是所有设计的灵魂，当然这也是芯片“衣服”设计的灵魂。

2. BGA基板制备及组装工艺：当BGA基板设计完成后，就要考虑如何进行工艺制备。实际上，基板的工艺会直接影响BGA基板的设计，如果某些工艺步骤无法完成，设计就需要进行修改，比如线宽线距、覆铜厚度、基板层数的限制。下面就以简单的BGA基板的层压工艺为例说明BGA基板制备的工艺流程，具体基板截面如图4.4所示。

首先需要准备BT树脂或者玻璃芯板，然后在双面层压极薄的铜箔，再进行表面压膜，然后钻孔（上下层导通的通道）、在通孔侧壁沉积金属用于电学连接，具体哪些位置开孔、哪些位置沉积金属，按照前面设计的BGA文件制作就可以了。随后在基板的表面进行层压薄膜光刻，曝光、显影、刻蚀形成前面设计的金属层。然后去除光刻薄膜，沉积绿漆阻焊层，再电镀防止铜氧化的镍金层。

针对多层布线的基板，需要在第一次金属刻蚀后沉积绝缘层、阻挡层、隔离层，再进行光刻，电镀金属Cu进行布线，再进行表面的阻焊层沉积及光刻等，例如四层BGA基板。以上就是BGA基板的制作工艺。

最后，需要在BGA基板上制备焊球，多采用植球和模板印刷的方法。目前很多公司使用SAC305和SAC307，但是最初大多数公司使用97%Pb-3%Sn焊料。在BGA焊盘沉积焊料或焊球之后，进行回流工艺，使焊球与焊盘熔融连接。当BGA基板与PCB进行连接的时候，需要进行再回流工艺，工艺参数与回流工艺参数基本一致，只是需要进行助焊剂预沉积，防止焊料氧化。这就是BGA的组装工艺。

3. BGA的检测：BGA封装（包括基板和焊球制作）完成后，封装厂要进行出厂前的检测。此外，BGA与PCB组装后缺陷检测也是系统电学系统实现的前提，因此BGA检测非常重要。BGA的检测分为焊前检测和焊后检测，焊前检测主要是检测是否缺少焊球，焊球高度差等，所以目测和光学显微镜检测就能够完成。光学显微镜主要采用激光共聚焦显微镜，测试焊球高度、表面粗糙度、体积、表面等参数。

焊后检测，是检测BGA焊接在PCB上对安装质量进行的测试，用于检测是否存在焊点未连接、焊点存在气泡、对准误差大等问题。目前主要的检测方法包括电学测试和X-ray检测。电学测试主要通过开路和短路来直观判断电路中缺少焊球，但是无法判断位置，而且需要PCB板上存在BGA测试的位置。X-ray检测是设备发射X光射线，穿过样品内部，最后样品材料受到X光照射而反射出光子，光子被X光设备探测到，并放大信号进行成像。其中不同材料、厚度对X光的吸收程度不同，因此系统中存在多层材料和不同厚度时，图形会发生重叠，比较难辨别。BGA焊球的圆形特征非常明显，采用X-ray检测BGA组装孔洞缺陷、对准偏差等成功率非常高。此外，目前存在自动X-ray检测系统可以非常快速精准地测试BGA组装缺陷，并精准定位位置及焊球缺陷的数目。

4. BGA的返修：当检测发现缺陷位置，必须要对BGA的焊球进行修补。关键步骤是如何取下BGA封装体、如何补球、如何重新安装。当然此处返修指的不是更换BGA整个封装体，如果需要更换整个封装体，主要取下坏的BGA封装体，清洗PCB板，换上新的BGA封装体。因此，BGA返修的主要步骤是：① 在一定温度加热PCB，使得BGA焊球融化脱离PCB板，同时加热BGA焊球，去除BGA焊球。② 清洗PCB焊盘和BGA封装体焊盘。用清洗剂清除PCB焊盘和BGA封装体表面焊盘上的助焊剂、焊膏等。③ 重新制

备 BGA 焊球。首先在 BGA 上涂敷助焊剂，然后采用植球的方法在 BGA 焊盘上制备焊球。同时在 PCB 上涂敷一定的助焊剂和焊膏，这都可以采用模板印刷的方法进行涂敷。④ 贴片、回流组装。将 BGA 重新在贴片机贴装在 PCB 上，在回流炉里面进行回流焊接，最后再进行 X-ray 检测，是否存在焊点断裂或者错位。

以上就是 BGA 封装的全部内容，但是 BGA 中有一种非常特殊的封装形式，叫做芯片尺寸封装（CSP），这是在 BGA 基础上发展起来的。下面就着重介绍一下这种类型的封装，也可以类比于芯片的“中山装”经过改造变成了尺寸很小的“小西装”。

芯片尺寸封装（CSP）

芯片尺寸封装（Chip Scale Package，CSP）最早是在 1994 年由日本三菱公司提出来的，芯片面积和封装体的面积为 1 : 1.1。联合电子器件工程委员会 JEDEC 的 J-STK-012 标准，给出了 CSP 定义：封装体面积和芯片面积比小于 1.2 的一类封装，即封装尺寸接近于芯片尺寸，具体如图 4.5 所示，CSP 是目前小尺寸的封装形式之一。CSP 封装可以看作是芯片可以直接穿的“小西装”，特别贴身的那种“小西装”。

虽然 CSP 是在 BGA 基础之上发展起来的，但是目前 CSP 的类型非常多，因此基于 BGA 的 CSP（称为 μBGA，微型球栅阵列）只作为 CSP 类型之一。此外，由于 CSP 的形式非常复杂，如何根据其特点进行识别是本节的重点。因此，本节主要阐述 CSP 的基本概念、特点、类型及结构，还有典型的 CSP 封装形式，让读者能够辨识这种小尺寸的封装形式。CSP 类型在 2000 年左右达到了 50 种以上，这好比给贴身“小西装”换材料、换领口类型等变化，但是只要了解类型对号入座，就能快速抓住特点，知道结构、材料和工艺。

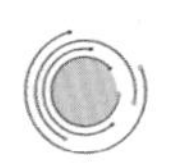

CSP 封装的概念和特点

CSP 封装在刚出现的一段时间内，有很多的定义方法。第一种，日本松下电器定义 CSP 为集成电路封装产品的边长与封装芯片的边长的差小于 1 mm。

第二种，封装体的厚度小于 1 mm。第三种，封装中 I/O 端口数为面阵列，且节距小于 1 mm。第四种，美国国防部元器件供应中心把 CSP 定义为集成电路封装产品的面积小于或者等于芯片面积的 1.2 倍。第五种，日本电子工业协会把 CSP 定义为芯片面积与封装体面积之比大于 80% 的封装体。这些定义都是在 CSP 刚刚出现时封装体尺寸比较大、I/O 节距比较大、厚度也比较大的情况下的具体化形式。但是现在封装体已经不断缩小，只有第四种和第五种形式是比较符合 CSP 发展需求的，其他三种形式的具体化尺寸可能发生了变化。

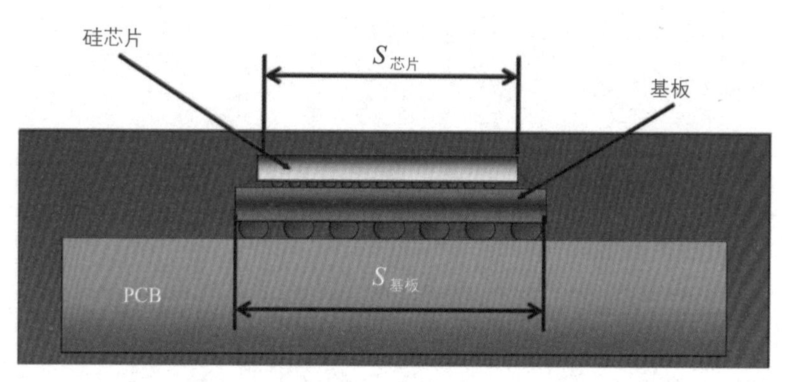

图 4.5　CSP 的定义：$S_{基板}:S_{芯片}<1.2$

CSP 封装具有一些典型特点，凭借这些特点很容易分辨 CSP。

1. 尺寸小：无论 CSP 封装的面积、厚度哪一种减小，都会带来整体封装的体积变小。因此，CSP 是所有封装体中面积最小、厚度最薄的。相同引脚数条件下，CSP 是 QFP 面积的 1/10，是 BGA 面积的 1/10~1/3。例如引脚数目是 600 个的条件下，CSP 的面积约为 17.60 mm^2，BGA 的面积约为 36.20 mm^2，QFP 的面积约为 43.8 mm^2；引脚数目是 200 个的条件下，CSP 的面积约为 9.20 mm^2，BGA 的面积约为 23.00 mm^2，QFP 的面积约为 16.80 mm^2；其中，CSP 的节距为 0.5 mm，BGA 的节距为 1.5 mm，QFP 的节距为 0.3 mm。

2. 重量轻：由于 CSP 整体的尺寸变小，体积随之变小，因此整体重量也随之变轻。相同引脚数目条件下，CSP 的重量是 BGA 的 1/5。基于倒装焊封装的 CSP 很多都无需添加下填料，直接采用银浆等散热，节省了下填料的重量以及费用。

3. 电学性能优良：由于 CSP 封装的互连线变短，互连线电阻变小，寄生电容也变小，因此信号传输延迟变小，开关噪声也降低。CSP 的延迟比 QFP

和 BGA 改善了 15%~20%，开关噪声比 DIP 降低了 1/2 左右。

4. 可制作的 I/O 数较多：在没有出现扇出型封装方法之前，CSP 比之前所有的封装类型制备的 I/O 端口数目都多，但这不是对所有 CSP 类型都是如此的，晶圆级 CSP 封装技术就能满足不断增加 I/O 数的需求，因此相当长时间内，CSP 封装都是相同体积条件下 I/O 端口数最多的封装形式，也是相同 I/O 端口数条件下体积最小的封装形式。

5. 热性能好：由于 CSP 直接和 PCB 连接，可以很快通过 PCB 散热；同时 CSP 的封装体很薄，也可以直接和空气接触，通过热对流或者安装散热片进行散热。CSP 的封装热阻约为 35℃/W，而 TSOP（Thin Small Outline Package）封装的热阻为 40℃/W。因此，CSP 的散热性能比之前的封装形式提高了很多。此外，由于 CSP 的电路冗余较少，互连线较短，因此互连功耗也降低，随之而来的工作温度也降低很多。

6. 成本优势：成本包括工艺成本和材料成本。CSP 的工艺和现有的封装工艺都可以实现兼容，无需新的工艺，因此工艺开发和转化成本低。此外，很多情况下 CSP 封装的填料可以省略，而且体积减小之后的材料用量也会减少，导致 CSP 封装的整体材料成本下降。

除以上优势外，CSP 还有测试容易、工作可靠性高等特点，这里就不具体介绍了。基于 CSP 的诸多优点，世界上几十家公司都研发了 CSP 封装，并提供服务。因此，CSP 类型就变得更多种多样，下面介绍 CSP 封装类型及结构。

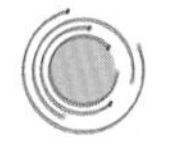

CSP 封装的类型及概述

由图 4.5 可以看出 CSP 封装结构包括芯片、互连形式、基板组成。因此，首先根据基板类型可以将 CSP 主要分为四种类型，如表 4.1 所示的柔性基板 CSP、刚性基板 CSP、引线框架式 CSP、晶圆级封装 CSP。其次，以上每种类型还可以根据互连形式分为 2~3 种形式。例如，柔性基板 CSP 根据互连形式分为 TAB、倒装焊、引线键合三种。本节会着重介绍这四种类型。

除此之外，还有很多 CSP 的类型，包括微小模塑型 CSP、焊区阵列 CSP、QFN 型 CSP、BCC（Bumping Chip Carrier）和叠层 CSP 等。微小模塑型 CSP 是由日本三菱电机公司开发的，典型的工艺流程是在 IC 芯片上制备金

属布线、再沉积模塑料树脂（聚酰亚胺）、制备 UBM 沉积凸点，最后凸点留在上面，此时封装尺寸和芯片尺寸一致，构成微小模塑型 CSP。这种 CSP 最开始主要用于存储器、高频器件 / 逻辑器件等高 I/O 的应用。焊区阵列 CSP，又称作 LGA（Land Grid Array，焊区阵列），是日本松下电器开发的 CSP 类型，主要在于它用金属触点式封装取代了以往的针状插脚。

下面就分别对 CSP 主要的四种类型进行详细介绍。

表 4.1　CSP 的四种常见类型

基板形式	芯片互连	示意图
柔性基板	TAB/ 倒装焊	
	引线键合	
刚性基板	TAB/ 倒装焊	
	引线键合	
引线框架	引线键合	
晶圆级封装	再布线	
	基　板	

1. 柔性基板 CSP 概述：柔性基板 CSP，顾名思义，基板类型是柔性载体，且满足芯片和封装体的面积比大于 1.2。基板为柔性指的是有机聚合物聚酰亚胺（PI）做载体、单侧或两侧印刷铜线做互连，类似于采用柔性基板作为载体的 TAB 封装基板，具体如表 4.1 所示，其中芯片互连方法可以是 TAB 和倒装焊，也可以是引线键合。这种封装结构典型特点是结构简单紧凑，PI

基板较薄，PI 弹性较大、热应力较低，因此封装体整体较薄，且可靠性高。

由于柔性 CSP 封装有以上优点，很多公司都开发了柔性基板 CSP 封装，主要包括美国 3M 公司的增强型柔性 CSP、美国通用电气公司的柔性板上的芯片尺寸封装（Chip on Flex CSP，COF-CSP）、美国 Tessera 公司的微焊球阵列（μBGA）、日本 NEC 公司的窄节距焊球阵列（FPBGA）、日本 TI 公司的用于存储器的芯片尺寸封装（Memory Chip Size Package，MCSP）和 Micro-star BGA、Nitto Denko 公司的模塑芯片尺寸封装（Molded Chip Size Package，MCSP）、Sharp 公司的芯片尺寸封装等。这些封装形式可能还会隶属其他分类，如引线键合 CSP 等，但是由于其基板都是柔性的，所以基本都可以放在柔性基板 CSP 里面。

由于柔性基板 CSP 的结构决定其所用的材料主要包括 PI、铜线、粘结层、焊球（最初是 Sn-Pb 共晶焊料，现在基本是无铅焊料及其他凸点）、焊盘金属化材料、模塑料（可选）。

2. 刚性基板 CSP 概述：刚性基板 CSP 是由日本东芝（Toshiba）公司首发的，其基板相对柔性基板的刚度较大，主要包括有两种类型：一种是陶瓷基板；一种是和 PCB 相同的硬质增强基板，这种基板的基材有 FR-1（酚醛棉纸，电木板）、FR-2（酚醛棉纸）、FR-3（绵纸、环氧树脂）、FR-4（玻璃布、环氧树脂）、FR-5（玻璃布、环氧树脂），在基材基础上浸以树脂粘结剂，配合高温烘干、层压铜箔工艺形成多层互连的基板。这种封装形式的主要代表产品有美国 IBM 公司的陶瓷小型焊球阵列封装（mini-BGA）和倒装芯片 - 塑料焊球阵列封装（FC-BGA），美国安靠（Amkor）公司的芯片阵列封装、EPS 公司的栅格阵列芯片尺寸封装（NuCSP）等。

这种刚性基板 CSP，由于材料和工艺都与 PCB 兼容，因此成本低、适合 I/O 数目比较少的场景，例如早期存储器芯片的封装和 I/O 数目少的专用集成电路（ASIC）芯片封装。

3. 引线框架式 CSP 概述：引线框架式 CSP 相对刚性基板 CSP 封装中的 NuCSP，相似之处是都采用引线键合做芯片和框架连接，相当于芯片的“内衣”，不同的是前者采用引线框架取代基板，可以比刚性基板 NuCSP 更薄。这种封装技术最早是 1996 年日本富士通公司提出的，包括 MicroBGA 和四边无引线扁平封装（QFN）两种类型。其他主要的研发产品有日本 TI 公司的芯

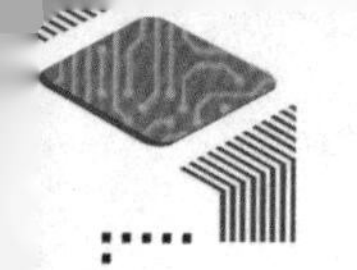

片上引线的芯片尺寸封装（LOC-CSP），日本 Hitachi Cable 公司的微凸点阵列封装（MSA）；中国台湾（地区）南茂科技公司的小外形无引线/C 形引线封装 SON/SOC（Substrate on Chip）。

4. 晶圆级封装 CSP 概述：晶圆级芯片尺寸封装（Wafer Level Chip Scale Package，WLCSP）是未对完成前道互连的晶圆进行切割，而直接在晶圆上完成后续封装的各个工艺步骤，最后再进行封装体切割。此处的封装指的是未与 PCB 进行组装之前的步骤。从定义就可以看出，与前面讨论的传统封装都不同，WLCSP 可以在晶圆上完成前道互连（晶体管、互连线）、封装再布线、凸点制备等工艺步骤。这就相当于芯片和芯片的"衣服"一起出生，类似于电视剧中葫芦娃、哪吒出生都是穿着衣服的。

因此，WLCSP 的典型特点就是加工效率高、生产成本低，即不需要划片直接进行布线沉积、刻蚀、凸点下金属层制作、凸点制作，可以实现多个芯片同时进行封装，大大提高了生产效率，降低了生产成本。也是因为所有晶圆上的芯片一起封装，所有芯片封装后的测试也可以一起测试，无需一个个封装体测试，大大节省了测试步骤。此外，WLCSP 还延续了 CSP 的特点，尺寸小、体积小、重量轻、散热性能好、电学性能好。

晶圆级封装 CSP 的主要代表产品有美国 FCT（FlipChip Technologies）公司开发的基于倒装芯片技术的 Ultra CSP，日本富士通公司开发的 Super CSP（SCSP），新加坡 Amkor 公司开发的 WSCSP 封装、扇入型晶圆级封装（Fan-in WLP）等。

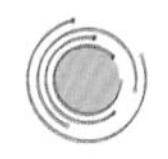

典型公司的 CSP 封装结构、材料、工艺

很多晶圆设计、制造、封装公司都开发了 CSP 封装形式，本书根据以上四种分类方法各选取其中一种国际大公司的典型封装类型对结构、工艺、材料进行介绍，便于读者了解各种公司的典型 CSP 封装。

1. 基于柔性基板的 FPBGA 和 COF-CSP：本节着重介绍两家公司的 CSP 封装形式，第一个是日本 NEC 公司的窄节距焊球阵列（Fine Pitch BGA，FPBGA），第二个是美国通用电气公司（GE）的柔性板上的芯片尺寸封装（Chip on Flex CSP，COF-CSP）。

1995 年 NEC 开发了一种新型的 FPBGA 封装形式，如图 4.6（a）所示，主要包括芯片、粘附层、载带、焊球。其中，载带结构包括有机 PI 层基底、导电层 Cu、PI 覆盖层。粘附层在芯片和载带之间、芯片表面，一般采用热塑性 PI。焊球在载带外侧焊盘上，焊球节距为 0.5 mm，材料可以是共晶焊球，也可以是其他焊球，虽然 FPBGA 没有满足 CSP 的面积定义，但是符合面阵列节距<1 mm 的定义。图 4.6（a）是裸芯片 CSP 封装，实际外面还会进行模塑料塑封，保护芯片。有了塑封料之后，可以在塑封料上继续制备布线等，这个就是后面将要给大家介绍的扇入（Fan-in）、扇出（Fan-out）封装。根据以上结构，FPBGA 的基本工艺流程：① 在芯片上制备球凸点。采用金引线设备在芯片表面做金凸点。② 粘附层薄膜沉积。将热塑性 PI 薄膜覆盖在芯片上，比芯片略小一点，然后采用一定的温度和压力，预键合在芯片表面。③ 内侧凸点键合。采用热超声对载带内侧凸点和芯片上凸点进行键合，也可以对载带内侧凸点和芯片上焊盘直接键合。④ 层压键合。将前面预键合的 PI 在高温热压下彻底与芯片进行键合，然后熔融的粘附层会流到侧面，可以保护整体互连。⑤ 焊球凸点制备。窄节距焊球形成方法很多，FPBGA 多用的焊球直径是 0.15~0.3 mm。为了控制焊球的体积，NEC 用的是焊盘上覆盖焊球带，利用焊盘可润湿和旁边区域不能润湿的区别精准控制焊盘上焊球体积。⑥ 外轮廓切割。将封装体采用激光切割的方法进行切割。⑦ 模塑料塑封（可选择）。此步骤根据是否需要对芯片背面进行保护而决定是否采取塑封。⑧ 电学、可靠性测试等步骤。

1997 年通用电气公司（GE）发布了 COF-CSP 封装，截面示意图如图 4.6（b）。从图中可以看出 COF-CSP 结构包括芯片、粘附层、柔性基板、柔性基板上布线、柔性基板上微孔结构、焊球掩膜、焊球、模塑料。粘附层用的是热塑性材料，包括热塑性 PI，厚度为 10~15 μm。柔性基板也是用的 PI 材料，厚度为 25 μm。铜布线的的厚度可以为一层，也可以为两层，主要根据互连 I/O 数的需求，一般厚度为 4~10 μm。微孔是通过在 PI 柔性基板上激光钻孔完成的。模塑料就是带有填充剂的环氧树脂。焊球一般为共晶焊球，也可以是其他焊球，直径一般在 0.25~0.3 mm，高度是 0.15~0.18 mm。据报道，通过优化芯片厚度、模塑料等厚度，整个封装体的厚度最小可以为 0.25 mm，因此此类封装满足 CSP 厚度定义（<1 mm）。根据以上结构和材料，通用电

气公司发布了制作的工艺流程，主要包括购买带有布线的柔性基板、采用粘附层将芯片键合在柔性基板上、模塑料塑封、在基板上激光钻孔使得芯片表面焊盘裸漏出来、微孔中沉积种子层 / 粘附层、微孔中电镀厚 Cu、光刻刻蚀制作上层 Cu 的图形、沉积焊球掩膜、掩膜光刻、在焊盘上制备焊球。此处应该注意的是，根据所需要 I/O 端口数可以将模塑料尺寸放大或者缩小，制作更多的互连布线和焊球，这就是后面的 Fan-in、Fan-out 封装。COF-CSP 的可靠性比较高，这是因为硅片的热膨胀系数（CTE）是 3.5 ppm/℃，周围模塑料的 CTE 是 12~15 ppm/℃，PCB 的 CTE 是 15~18 ppm/℃，可以看出调节模塑料的 CTE 可以使得整体封装体的 CTE 和 PCB 的 CTE 基本相同，从而进一步降低焊球所受的热应力，提高焊球的寿命。特别是封装体安装在 PCB 上

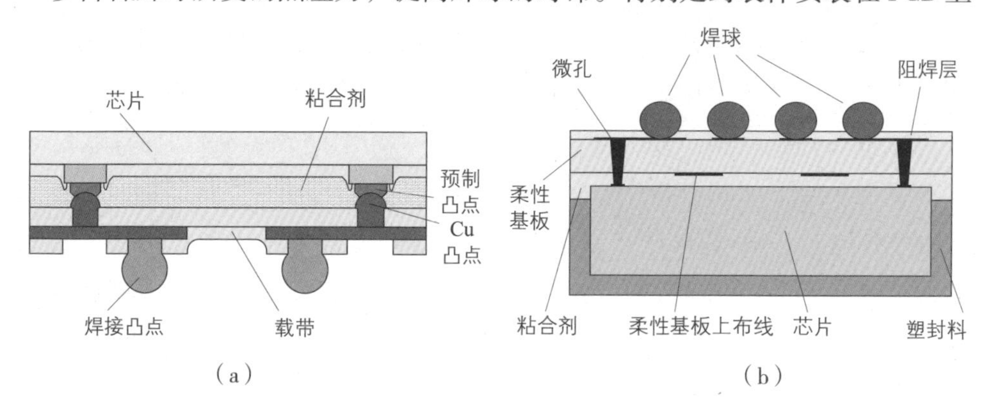

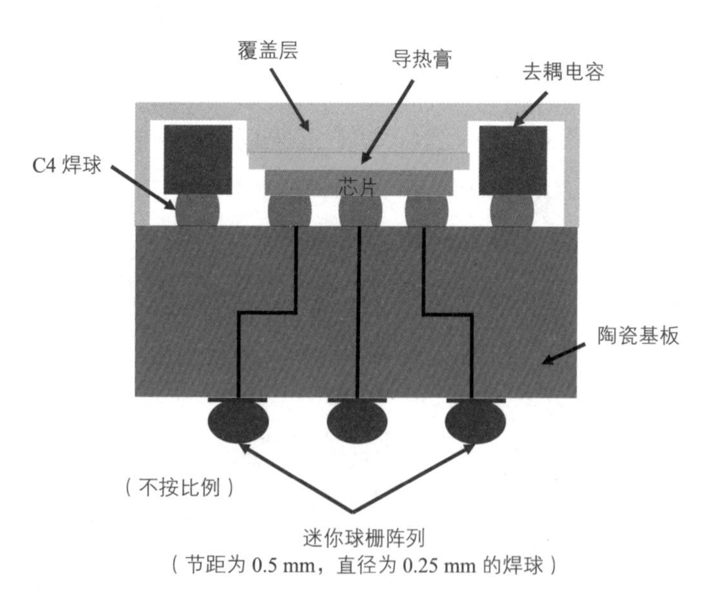

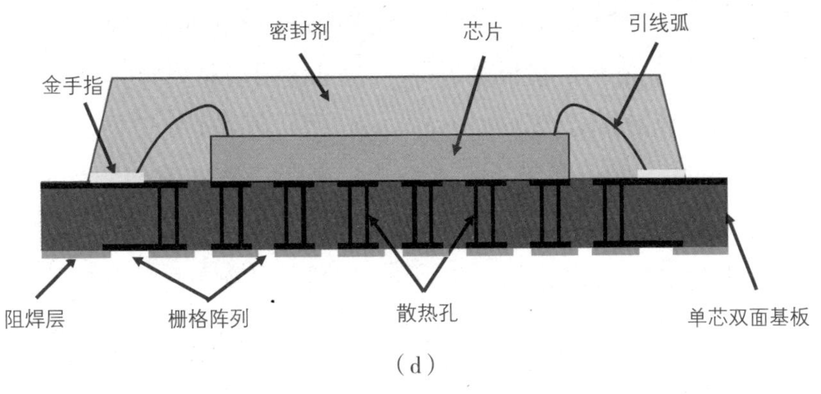

(d)

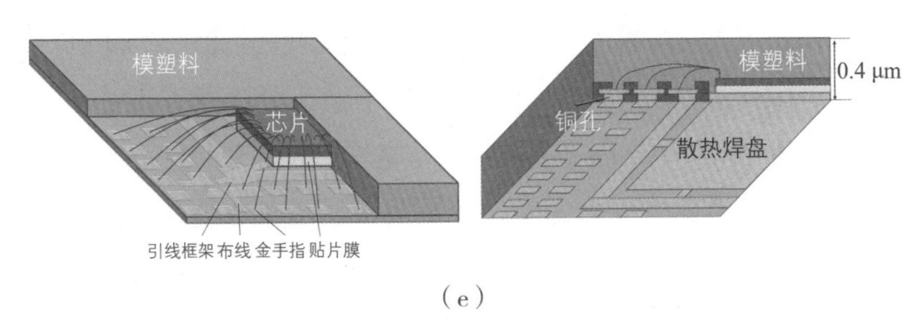

(e)

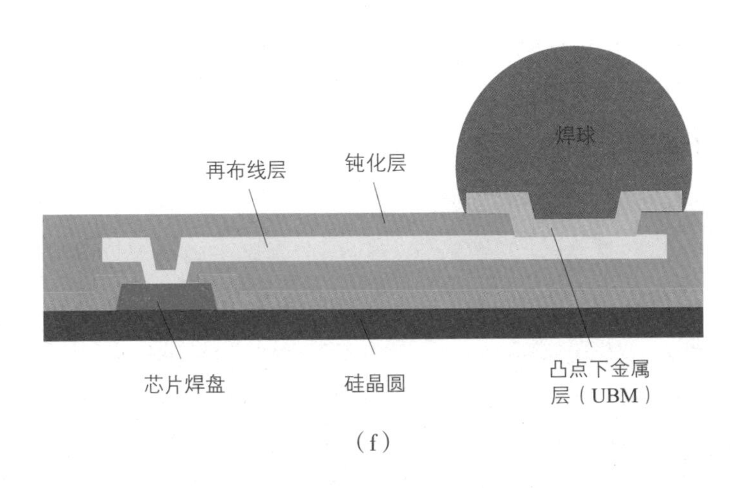

(f)

图 4.6　各种 CSP 的截面图说明

(a)NEC 的裸芯片 FPBGA;(b)GE 公司的 COF-CSP;(c)Mini-BGA 封装的界面;(d)NuCSP;(e)QFN 封装;(f)WLCSP 的截面示意图。

时，焊球周围增加下填料可以进一步提高表面贴装的可靠性。由于这种柔性 CSP 封装的尺寸小、厚度低、电学性能好、可靠性高等特点，因此其广泛应用于存储器件、专用集成电路（Application Specific Integrated Circuit，ASIC）芯片的封装。

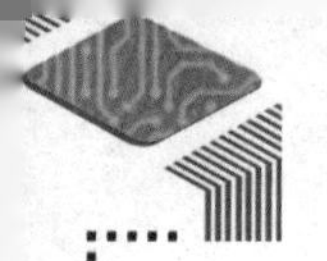

2. 基于刚性基板的 mini-BGA 和 NuCSP：Mini-BGA 是在 1995 年由 IBM 公司开发的 CSP 封装技术，基板是尺寸为 21 mm 的氧化铝陶瓷基板，BGA 底部的焊球直径是 0.25 mm，节距是 0.50 mm，因此满足了 CSP 面阵列的节距定义（节距<1 mm）。Mini-BGA 封装的信号 I/O 端口数目是 595 个，但是最多可以制备 750 个信号 I/O，而且信号 I/O 和功率线 / 地线 I/O 的比例可以一样多。Mini-BGA 的具体结构如图 4.6（c）所示，其中芯片是一个开关扫描速度 200 MHz 的时钟芯片，芯片尺寸是 10 mm，上面芯片和耦合电容底部的焊球是 IBM 开发的 C4 凸点，因此芯片和基板的连接采用的是倒装焊工艺，芯片加上下填料会增加 C4 的强度，图 4.6（c）中没有画出。然后 BGA 下面的也是小焊球，因此也采用和 C4 一样的回流工艺，可以节省工艺步骤。最后芯片上方沉积热导电焊料，并粘附到 Al 导电覆盖层。由以上结构和材料可以推出工艺流程，具体如下：第一步，多层陶瓷基板是标准陶瓷基板工艺制作的，包括在正反面电镀 Ni/Au 作为焊盘的凸点下金属层（UBM）；第二步，在芯片上制备 C4，采用的是 NP 工艺，即在玻璃模具上沉积焊料，然后回流形成焊球，再转移到芯片焊盘上回流完成连接；第三步，将芯片对准放置在陶瓷基板上并回流形成连接，焊球温度必须比陶瓷基板的小焊球温度高，在 350~370℃之间，采用的是 97Pb-3Sn 焊料，主要为了小焊球安装时 C4 焊球不融化；第四步，在倒装焊芯片下方添加下填料；第五步，在芯片上方沉积导电热焊料，并放置 Al 导热覆盖板，在较低温度下就可以固化；第六步，在封装体底部放置小焊球，在 210~230℃的回流温度下形成连接，并清洗助焊剂。当然这些工艺步骤结束后都需要进行相关电学测试。这种 CSP 典型的特点就是芯片、电容可以一起集成，而且封装体尺寸比较小，可以适用于速度快、电学性能要求高、I/O 端口数多的器件 封装。

1997 年，EPS 公司也发布了一款低成本的刚性基板尺寸封装，命名为 NuCSP。这是一款基于引线键合的 CSP，其将 BGA 的设计引入到小型化的低 I/O 端口的封装中，具体如图 4.6（d）所示，其中芯片是采用引线键合的方式将芯片的焊盘连接到单芯双面基板（BT 基板）上的金手指上，然后金手指焊盘通过布线连接到芯片下面的基板中，再通过过孔（也是散热孔）进入到基板的底面，此基板是栅格阵列封装（LGA）的基板，即采用金属接触代替表面插针，与 PCB 进行连接，EPS 公司采用的是 63Sn-37Pb 焊球将 NuCSP

与 PCB 进行的连接。其中，基板上 Cu 焊盘的节距为 0.5 mm、0.75 mm 和 1 mm，焊球连接点总高度为 0.08 mm。NuCSP 能够实现封装尺寸比芯片尺寸大 2.5 mm，而 EPS 文献中给出的芯片尺寸是 7.20 mm × 4.00 mm × 0.38 mm，而封装体尺寸为 11.00 mm × 7.20 mm × 0.56 mm（没有满足 CSP 的面积定义，但是满足厚度<1 mm 的定义）。此外，其采用的模塑料 CTE 是 15 ppm/℃，BT 基板 *x*、*y* 方向的 CTE 是 15 ppm/℃，*z* 方向的 CTE 是 52 ppm/℃，而 63Sn–37Pb 焊球的 CTE 是 21 ppm/℃，PCB 在 *x*、*y* 方向的 CTE 是 18 ppm/℃，*z* 方向 CTE 是 70 ppm/℃，可以看出 *x*、*y* 方向上材料的 CTE 匹配度很高，可以很好地降低焊球所受的热应力。因此，NuCSP 封装的尺寸比较小、可靠性比较大，此外成本相较于 Mini-BGA 还非常低，因为采用的引线键合工艺，非常适合 I/O 端口不多、性能要求较高的存储器和 ASIC 芯片封装。

3. 引线框架式 CSP 的 QFN 概述：四边无引线扁平封装（QFN）虽然最早是日本富士康公司在 1996 年提出的，但是很多其他公司都做了相关研究。QFN 的典型结构如图 4.6（e）的两幅剖面和底部示意图，主要包括的结构是芯片、键合引线、引线框架、阻焊层、框架上布线/过孔/金属焊盘、模塑料。结构的典型特点就是没有引脚，厚度非常薄（最薄 0.40 mm）、尺寸非常小（6.00 mm × 8.05 mm）、体积小、重量小。而且引线框架下面是金属，直接和 PCB 连接快速散热，因此封装体散热好。此外，金属焊盘直接和 PCB 连接，互连长度短，延迟小，因此电学性能很好。但是 QFN 的 I/O 端口数因为尺寸的限制也减少了很多，鱼和熊掌不可兼得。

QFN 关键的材料就是引线框架，其主要是双面镀镍的铜合金，例如 C194 合金，即 Cu–Fe–P 系列合金；另外一个关键材料是连接 PCB 所需的封装体底部焊盘，材料与引线框架一致，只是通过刻蚀形成焊盘。

针对以上结构和材料，QFN 的主要工艺流程如下：① 首先制作引线框架，采用 C194 铜合金带，涂敷光刻胶、曝光，然后金属刻蚀出上层金手指层、下层焊盘层，再进行脱模分离，电镀镍等金属。② 芯片粘结。将芯片粘结在引线框架的导热焊盘上，如图 4.6（e）所示。其中贴片材料一般是环氧树脂贴片胶、贴片膜。③ 引线键合。将芯片上焊盘打线到引线框架的金手指上，图 4.6（e）给出的 QFN 是多层引线键合，所以金手指也可以两排两列。④ 模塑料塑封，工艺和第二章塑料封装基本一致。⑤ 检测及组装。采用超声

检测模塑过程是否存在孔洞。如果没有孔洞，继续进行与 PCB 连接，多数采用焊锡连接，底部采用非导电银浆固定。这就是 QFN 的简单工艺流程，省略了很多细节，是为了让大家容易理解。

4. Ultra CSP 晶圆级芯片级封装概述：FCT 公司在 1998 年提出了 Ultra CSP 晶圆级芯片级封装，并申请了专利。FCT 公司之后变成 Flip Chip International 公司，是 Delco Electronics Systems 和 Kulicke-Soffa Industries（K-S）的合资企业，因此现在搜索 FCT 公司是很难找到的。由于 Ultra CSP 封装出现后迅速成为 WLCSP 的行业标准，而且 FCT 公司把专利转移给了世界顶级封装厂日月光（ASE）和安靠（Amkor）。因此，本节主要讲解一下这种封装形式。

Ultra CSP 的说明示意图如图 4.6（f）所示，其中包括芯片、再布线层、BCB 做介质层、Al/NiV/Cu 做 UBM，互连先是 Cu，焊球直径、中心距分别是 0.35~0.50 mm 和 0.50~0.80 mm，成分是共晶铅锡焊球。

这种 WLCSP 封装制作方法很多都和前道工艺相似，由于其开发以来进行了很多改良，本节将其可能的工艺流程做了总结，基本的工艺流程包括在晶圆厂获取晶圆统一检测；沉积苯并环丁烯（BCB）介质层 5 μm，并进行光刻开窗，露出芯片焊盘；溅射沉积粘附层/种子层 TiW/Cu，采用大马士革工艺沉积 Cu，厚度为 5 μm，制备布线层；对布线层进行光刻、刻蚀，形成图形；再次沉积 BCB 绝缘层，光刻形成凸点下焊盘位置；溅射沉淀 Al/NiV 及光刻，电镀沉积 Cu 做凸点下金属层（UBM）；刻蚀，去除非 UBM 层区域的金属层；沉积凸点，方法包括模板印刷、植球、电镀、蒸发等，再进行回流在 UBM 上形成焊球；最后封装体切割，进入与 PCB 组装的环节。这些工艺后续在晶圆级封装章节会详细一一介绍。

由以上 BGA 封装和其发展形式 CSP 封装，我们可以看出芯片的“衣服”已经发生了翻天覆地的变化，目标就是轻、薄、短、小，性能好，I/O 数目多等。虽然无法都达到所有技术目标，但是对于不同的应用，可以选取不同的封装方式，例如对互连延迟和散热要求高的应用可以采用 QFN 封装；对 I/O 数目要求高，同时要求轻薄的应用，可以采用 mini-BGA 或者 micro-BGA 封装。请读者重点抓住类型的结构及特点，从而可以很好地选择封装形式，如果需要进一步了解设计封装，可以参阅更加专业的书籍。

第五章　多组件系统级封装

——“多胞胎的混搭套装”

前面四章都是针对单颗芯片封装形式的介绍，但封装还在向多芯片、多组件方向继续发展，即原来一个封装体里面只有一颗芯片，现在有多颗芯片，甚至多种类型的芯片。因此，可以看作是“多胞胎”芯片一起穿在一套“衣服”里面，当然这套“衣服”就必须进行各种设计以满足“多胞胎”的需求，是一套需要考虑多种影响因素的“混搭套装”。本章我们就着眼于芯片封装的另外一条脉络——多芯片（组件）封装的技术演进进行阐述。

多芯片组件封装（MCM）

多芯片组件封装（Multi-Chip Module，MCM）是把多颗 IC 芯片、多种类型芯片及其他无源器件 / 组件共同集成在一块基板上，然后进行后续封装。MCM 可以将多颗芯片的功能同时统筹规划，并且考虑寄生、串扰等问题，是实现电路功能系统化的基础。因此，为了满足多颗芯片的需求，就必须同时搭配各种各样的“穿衣风格”，混合成一套可以适用于“多胞胎”芯片需求的“套装”。下面分别概述 MCM 及其分类和特点。

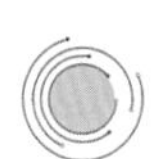

MCM 封装概述及作用

MCM 是 20 世纪 90 年代以来发展较快的一种先进的混合集成电路封装

形式，是美国和日本最先研制的。它最早是用于改善陶瓷基板的多芯片封装，因为陶瓷基板重量太重，每颗芯片单独封装一块陶瓷板，再组装在一个大系统中，总重量太重。因此，最早 IBM 公司将 MCM 用于计算机的热导组件，陶瓷基板有 33 层，封装体里面包含 113 块大规模集成电路芯片，大大缩小了整机的重量和体积，也提高了芯片性能。这也导致 MCM 早期只用于超级计算机和军工等成本高的领域。但后来出现了满足低端市场的多芯片封装（Multi-Chip Package，MCP），这种形式芯片个数少，且可以使用传统的 QFP、BGA 等封装形式，即采用层数较少的有机基板等，芯片个数少也不需要对寄生等性能进行优化，只机械地在一个封装体里面连接多颗芯片，缩短了多颗芯片之间的通信距离（与每个芯片都封装好在组装在 PCB 上对比）。MCM 由于其芯片个数非常多，需要在此基础上考虑寄生、串扰等特性，还需要加入无源器件 / 组件，协同考虑尺寸、性能等因素。MCM 后来进一步发展成系统级封装，这将在后面进行介绍。

基于陶瓷基板的多芯片组件如图 5.1 所示，其中包括 8 颗硅芯片、一个基板、一个模塑料外壳（未画出）。基板包含了多层互连线，有的书籍给出 MCM 定义中也规定需要基板有 4 层以上的互连线。芯片和基板的互连是通过引线键合完成的，还可以通过可控制塌陷芯片连接（C4）方法完成，大大缩短互连距离、降低互连延迟，因此可将需要高传输速度的芯片互相贴近排布，缩短传输时间。图中没有外面的模塑料，实际会有塑封外壳作为 2 颗芯片的整体封装外壳。

图 5.1　基于陶瓷基板的 MCM

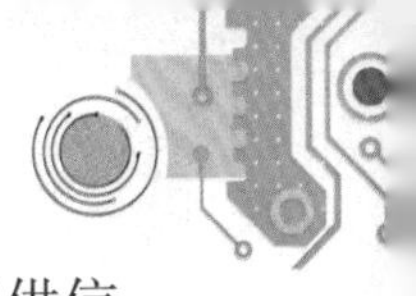

由以上结构可以看出，MCM 的主要作用包括为模组中的各个芯片提供信号互连、寄生 / 串扰等信号完整性管理、输入 / 输出（I/O）管理、热控制、机械支撑以及环境保护等。

MCM 使封装概念发生了本质的变化。20 世纪 80 年代以前，所有的封装是面向单颗芯片的，而 MCM 可以说是面向多颗芯片、多组件或者说是面向系统或整机的。相比于单颗芯片的封装再集成，MCM 技术可以让每颗芯片距离更近、总体积更小、总重量更轻。因此，MCM 的出现使电子产品系统真正实现了小型化、模块化、多功能化，而且功耗降低、可靠性进一步提高，对现代化的计算机、自动化、通信等领域产生了重大影响。例如，普通计算机中，一般只用一块芯片作为处理器，而高性能超级计算机中，则需要多块芯片共同构成中央处理器（CPU），因此采用 MCM 是非常适合这种多芯片处理器的，同时也为普通计算机的 CPU 提升性能提供了技术基础。

MCM 优越的性能吸引了众多公司研发了相关封装类型，下面就分别认识其类型及特点，从而掌握其应用方向。

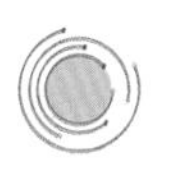

MCM 封装分类与特点

基板是各种 MCM 封装的关键结构，它提供了芯片的机械支撑、芯片间的信号互连、电源和地、芯片与下一级系统单元的互连接口。除此以外，基板在 MCM 热管理和环境保护等方面的作用也十分重要。美国互连与电路封装学会根据多层引线基板的结构和工艺技术的不同，将 MCM 分为三类：高密度多层有机层压基板（MCM-L），厚膜或多层共烧陶瓷基板（MCM-C），以半导体或陶瓷为衬底的多层薄膜基板（MCM-D）。下面对这三种类型及特点分别进行介绍。

1. MCM-L 型：MCM-L 是有机多层布线基板制作的 MCM，基板材料与 PCB 基板一致。其中，芯片主要采用引线键合或倒装焊工艺与基板连接，再采用焊球与 PCB 板进行表面贴装连接。由于 MCM-L 的基板与 PCB 相同，可以采用相同的层压工艺，工艺也相对简单。此外 MCM-L 的基板与 PCB 匹配的材料热膨胀系数也可以降低互连焊球承受的热应力。另外，有机基板介电常数小，对微波系统的应用有利。摩托罗拉公司应用于微波单片集成电路

（MMIC）的 MCM 封装，在频率高于 20GHz 条件下仍能很好地工作。MCM-L 易于实现多种封装结构，层压的基板具有极好的韧性，提高了整个封装体承受冲击力的强度。因此，MCM-L 的典型特点就是可制备的层数多、制备成本低、高频电学性能好、可靠性高。

随着集成密度不断提高，芯片上单位面积的互连数远高于 PCB、互连节距也远小于 PCB，因此需要基板上多层布线弥补芯片和 PCB 之间的互连数目和节距的差距，而多芯片 MCM 需要基板的布线长度更多、互连节距更小。MCM-L 虽然与 PCB 材料相同可以减小热应力给焊球带来应力，但是无法满足 MCM 需要的高密度多层互连基板。因此，MCM-L 技术必须不断向前发展，如增加引线层数以提高互连密度，采用低介电常数介质层以适应高频电路，提高互连引线的光刻分辨率从而减小布线节距以增加封装密度等。通过加强工艺控制，在 MCM-L 可以得到更小的线宽线距，实现更高互连密度和更多芯片数目的封装。其他提高 MCM-L 系统芯片集成密度的新技术还包括采用铜金属互连层和聚酰亚胺作为介质层，可以使集成的芯片等元器件密度增加到与 MCM-D 同等的水平。

2. MCM-C 型：MCM-C 是以厚膜或多层共烧陶瓷基板为衬底的多芯片封装类型，基板制作工艺和早期的陶瓷厚膜混合集成电路（HIC）工艺相似。因此 MCM-C 基板的制作工艺主要步骤也是采用丝网印刷法将电路的各层图形浆料印刷到陶瓷（如氧化铝）基板上，再通过高温烧结使得浆料和基板烧结，随后激光进一步烧结调节厚膜电阻到所需的范围。各层图形中有陶瓷介质层和金属互连层，金属层间通过"通孔"实现金属互连，陶瓷介质层的介电常数一般大于 9。MCM-C 上一般只有裸芯片和无源器件，也使用专用封装组件等。MCM-C 的优点是互连层数多、封装密度高、封装效率高、性能好，适用于工作频率为 30~50 MHz 的高可靠产品。虽然 MIM-C 的电路部分占基板面积比率较大、封装密度也较高，但是随着集成度和芯片数目的不断提高，封装密度无法继续提高，这是因为多层丝网印刷工艺容易引起表面不平整、通孔尺寸不准确、对准困难等问题。

MCM-C 基板的加工工艺分为高温共烧陶瓷法（HTCC）和低温共烧陶瓷法（LTCC）。HTCC 基板的传统材料是氧化铝（Al_2O_3），该材料的工艺技术较成熟、成本也较低，但从 MCM 的高频、高速、大功率的发展趋势来看，

Al_2O_3 并不适宜用于微波 MCM。综合考虑各种因素，氮化铝（AlN）是较为理想的材料。它的热导率高，热膨胀系数与硅接近，缺点是表面粗糙度大，在微波应用中信号损耗大。为此，一种复合 HTCC 材料应运而生，即在抛光的 Al_2O_3 表面用溅射方法生成与原表面同样粗糙度的 AlN 薄膜，如果采用其他方法沉积 10 μm 厚的 AlN 薄膜，就使得封装体承受功率为 0.5 W 的 MMIC 功率放大器的热耗散。与 LTCC 相比，HTCC 的优点是收缩不一致性大大降低，但加工及处理工艺有待进一步改善。

近年来 LTCC 基板不断占据 MCM–C 的主导地位，原因是采用银、金、铜等低温金属和一些特殊的非金属材料作为烧结的材料，可以大大降低基板互连和介质层的工艺温度。基于 LTCC 基板的 MCM–C 封装的显著特点是采用导体（铜、银等）互连线，以及可内置（埋）构成无源元件的电阻器、电容器、电感器、滤波器、变压器（低温共烧铁氧体）的材料同时烧成，在顶层键合带有源器件的芯片。LTCC 与 HTCC 基板的区别是金属化材料和陶瓷粉体配料不同，前者材料的烧结温度更低，烧结工艺更容易控制。LTCC 基板的常规厚膜陶瓷的烧结温度为 800~1000℃，低于正常陶瓷的高温烧结温度 1400℃。为了获得较低的烧结温度，一般会在陶瓷粉体中掺杂玻璃。玻璃不仅能降低熔融温度，还能降低陶瓷的相对介电常数，从而提高电路的高频性能。LTCC 的工艺过程主要包括以下步骤：将烧结陶瓷粉体与有机粘结剂 / 增塑剂按一定比例混合；通过流延技术生成生瓷带或生坯片；在生瓷带上冲孔或激光打孔；使用丝网将各层厚膜材料印刷到柔性的、未烧结的生瓷带上；将各层陶瓷片进行对准、叠片、热压、切片、排胶（排除多余粘结剂等）；最后进行烧结，制成多层互连基板。通过激光加工通孔、对印刷的厚膜层进行平面化，可以显著提高 LTCC 的互连线密度，因此，LTCC 技术特别适合于精确加工微波电路中的盲孔和腔体。此外，采用光敏材料光刻法获得图形，代替印刷法制作图形，得到导电图形的线宽更小、边沿更垂直，可以实现更高密度的、高频电路的 LTCC 封装。

3. MCM–D 型：MCM–D 封装是以半导体 / 陶瓷为衬底的多层薄膜基板，即衬底是金属板、陶瓷、玻璃和半导体晶圆等，采用易于光刻的有机薄膜，如聚酰亚胺（PI）作为介质层。因此，其互连线可采用与芯片制造相似的工艺，利用光刻技术制作互连线。虽然互连线的层数相对于其他烧结技术制备

的基板是最少的，但其互连线最细、间距最小，适用于高频、高速电路。尽管 MCM-D 基板的单位面积成本很高，但是晶圆上完成封装各种流程的生产效率高，所以在大批量生产时仍具有成本竞争力。因此，MCM-D 在三种 MCM 技术中是芯片集成密度最高、工艺最多、成本较低的技术。

MCM-D 关键是基板，而基板包括衬底和上面的互连材料，这些材料决定了封装的性能及工艺。表面平坦是 MCM-D 基板衬底的基本要求，因此多采用抛光过的金属板、陶瓷、玻璃和半导体晶圆做衬底。采用硅晶圆作为 MCM-D 基板的衬底，是因为晶圆表面非常平坦、成本低，且硅晶圆与介质层（如低应力聚酰亚胺）的热膨胀系数非常接近，降低了热应力、提高了薄膜淀积的附着力。对于 MCM-D 基板的多层互连材料，选择原则如下：首先，合理的层间绝缘层，MCM-D 互连线层间介质层常用 PI，其优点是可光刻形成窄线条、多层互连线平坦、热膨胀系数低；其次，控制互连层阻抗，MCM-D 基板的互连线密度高、互连线较长，为减少信号延迟，通过增加引线层厚度、加大线宽、选用电阻率更小的金属材料来改善。

MCM-D 基板制作具体工艺流程为：基板预处理 — 淀积底层金属互连层 — 光刻刻蚀图形 — 旋涂 PI — 预烘 — 光刻形成通孔 — 后烘 — 通孔沉积金属形成粘附层 / 种子层 — 淀积表层金属互连层、光刻完成图形化 — 旋涂 PI 并光刻（钝化）— 退火 — 检测后成品出厂。

MCM 封装后续流程包括多芯片的贴片、芯片和基板的互连（引线键合和倒装焊）、外壳封装、检测打标等。MCM 封装与 PCB 的安装形式有：① 插装型，即 MCM 封装的外引线为插针，与安装在印制板上的标准插座相配合。高可靠 MCM 也可将插装式 MCM 封装直接焊接在 PCB 上。② 表面安装型，即 MCM 封装底部有翼形引线、阵列的焊点，包括 LCC，BGA，PGA，QFP 等多种形式。

MCM 的基本特点

MCM 是在高密度多层互连基板上，采用微焊接、封装工艺将构成电路的各种微型元器件（IC 芯片及无源元器件等）组装起来，形成高密度、高性能、高可靠性的电子产品（包括组件、部件、子系统、系统）。它满足了现

代电子系统短、小、轻、薄和高速、高性能、高可靠性、低成本的发展需求，是实现系统集成的非常有意义的发展方向。典型的 MCM 应至少具有以下特点：

1. MCM 将多块未封装的 IC 芯片高密度安装在同一块基板上构成组件，省去了 IC 的封装材料和工艺，节约了原材料，减少了制造工艺，缩小组件 / 整机的封装尺寸和重量。

2. MCM 是高密度组装产品，极大地缩短了互连线长度，与多个封装好的单芯片 SMD 封装体再组装的形式相比，减少了外引线寄生效应对电路高频、高速性能的影响，大大降低了芯片间互连延迟。

3. MCM 多层布线基板的导体层数一般不小于四层，能把数字电路、模拟电路、功能器件、光电器件等合理地制作在同一部件内，构成多功能高性能子系统或系统，使线路之间的串扰噪声减少、阻抗易控、电路性能提高。

4. MCM 多选用陶瓷材料作为组装基板。因此，与传统封装用的有机基板相比，热匹配性能和耐冷热冲击力要强得多，因而产品可靠性获得了极大的提高。

5. MCM 集中了半导体集成电路中先进的精细加工技术，薄、厚膜混合集成技术，厚膜、陶瓷多层基板与与 PCB 集成技术，MCM 电路的模拟、机械仿真、散热和可靠性设计等一系列技术。因此，有人称其为混合形式的晶圆级集成 WSI（Wafer-scale Integration，WSI）技术。

MCM 的发展

MCM 在组装密度、信号传输速度、电性能以及可靠性等方面独具优势，是目前能最大限度地提高集成度、提升高速单片 IC 性能，制作高速电子系统，实现整机小型化、多功能化、高可靠性、高性能的有效途径。MCM 早在 20 世纪 80 年代初期就曾以多种形式存在，但由于成本昂贵，大多只用于国防、航天及大型计算机上。随着技术的进步及成本的降低，近年来，MCM 在计算机、通信、雷达、数据处理、汽车行业、工业设备、仪器与医疗等电子系统产品上得到越来越广泛的应用，成为最有发展前途的高级微组装技术。例如利用 MCM 制成的微波和毫米波 SOP（System-on Package），为集成不同

材料系统提供了一项新技术，使得将数字专用集成电路、射频集成电路和微机电器件封装在一起成为可能。

随着微电子技术的发展，微电子封装向微型化、轻型化和薄型化方向发展。电子系统（整机）向小型化、高性能化、多功能化、高可靠和低成本发展已成为目前的主要趋势，从而对系统集成的要求也越来越迫切。MCM 技术也不断向前发展，其主要受两种技术的影响，第一个是 CSP 技术，第二个是三维堆叠技术。下面分别根据这两种技术对 MCM 的影响阐述 MCM 的发展历程。

1. CSP 对 MCM 的影响：对 MCM 的制作成品率影响最大的莫过于 IC 芯片。因为 MCM 高成品率要求各类 IC 芯片都是确认好的芯片 KGD（Known Good Die），而裸芯片无论是芯片制造商还是使用者都难以进行全面测试老化筛选，只针对部分芯片进行封装并测试，因而给 MCM 组装带来无法确定芯片性能的不利因素。一旦装上不合格芯片，这块 MCM 就不会合格，并难以返修。例如，一个系统被设计成含有 12 个芯片的 MCM，假设其芯片的成品全部是 95%，那么该 MCM 合格的概率就等于 0.95^{12}，即合格率降为 54%，即大约两个 MCM 就有一个不合格，生产成本大大增加。这也直接反映了成本和成品率阻碍了 MCM 的应用和发展。因此，如何提高 MCM 的成品率就成为进一步 MCM 向前发展的关键问题之一。

CSP 的出现很好地解决了这一问题。原来 IC 芯片未经过封装是无法进行测试的，而 CSP 封装出现后，所有芯片都能够一起进行电学测试、老化试验等，而且 CSP 具有 IC 芯片的一切优点，如尺寸与芯片接近、互连密度非常高等。CSP 封装能够进行晶圆级别测试的特点能够保证后面所有使用的 CSP 都是合格芯片（封装体）。因此，一个 MCM 组件中的多颗 CSP 封装体都可以保证是合格封装体，这大大提高了 MCM 的成品率。因此，CSP 真正解决了单芯片 IC 的 KGD 问题，也解决了 MCM 组装的后顾之忧，大大降低其设计、生产和测试成本。此外，当一个大而复杂的系统规定了 MCM 所占的封装面积时，往往一层 MCM 难以实现，可以设计为多层 MCM 进行堆叠，既减小了所占面积，又充分利用了空间。由于 CSP 解决了 KGD 问题，所以堆叠 MCM 的成品率就有保证。基于以上分析，CSP 技术极大地促进了 MCM 进一步向前发展。

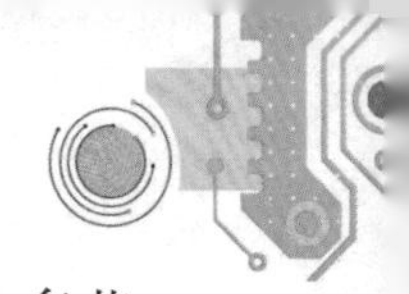

2. 三维堆叠技术对 MCM 的影响：通常所说的 MCM 都是指二维的多芯片组件（2D-MCM），所有元器件都布置在一个基板平面上，基板内有多层互连引线。2D-MCM 封装是混合集成电路封装技术的延伸，其效率最高可达 85%，这已接近二维封装的最大理论极限。随着集成电路制造技术的进一步发展，芯片的晶体管集成度大幅度提高，2D-MCM 的缺点也逐渐暴露出来，三维的多芯片组件（3D-MCM）也应运而生。3D-MCM 是指元器件除了在 x-y 平面上同时集成以外，还在垂直方向（z 方向）上进行集成，其最高封装密度可达 200%。近年来 3D-MCM 技术因满足国防、宇航、卫星、计算机、通信的迫切需要而在国内外得到迅速发展，是实现系统集成的重要技术途径。目前 3D-MCM 已被应用到高性能大容量的存储器组件和计算机系统，充分发挥了三维多芯片组件技术的优越性。与 2D-MCM 相比，3D-MCM 具有以下的优势：

（1）3D-MCM 封装进一步减小了体积，减轻了重量。3D-MCM 的封装体积可比 2D-MCM 缩小 90% 以上，重量减轻 80% 以上。

（2）3D-MCM 封装中芯片之间的互连引线长度远短于 2D-MCM，进一步减小了信号传输的延迟时间和噪声，降低了功耗，增加了互连带宽。

（3）3D-MCM 封装增大了封装效率和互连效率，可集成更多的元器件，实现更多功能。

（4）3D-MCM 封装增加了内部互连的集成度，减少了系统外部的互连数量，同时提高了系统的信号和机械可靠性。

MCM 的另一个重要发展方向是以系统级封装（SiP）技术为主，这将在之后“系统级封装（SiP）”一节进行讲述。

典型封装公司的结构和工艺

根据以上介绍可知，MCM 有多种传统和新型形式，无论是不同基板导致的形式变化，还是从二维到三维芯片排列形式的变化。下面针对这些形式中的典型公司的结构和工艺进行简单介绍。

法国 Colibrys 公司的 MS 系列加速度计采用的是二维并列的 MCM 系统集成方案，具有尺寸小、高可靠性、高性能等特点，在国内工业和国防科研领

域获得较广泛应用。图 5.2 所示为 MS9000 系列加速度计器件，其内部主要由一个体硅工艺制成的 MEMS 传感器结构、一个低功耗专用信号处理 ASIC 芯片和一个存储补偿值的微控制器芯片等元器件组成。MEMS 结构元件与 ASIC 芯片并列放置，分别通过金引线连接到混合集成基板上。这里，基板不仅提供了一个高强度的安装基准面，也实现了多元件之间以及对外的电气连接功能。该系列产品采用 LCC20（长宽均为 8.9 mm）陶瓷封装，质量小于 1.5 g，功耗小于 10 mW，在 ±2 g 到 ±250 g 的宽量程范围内，均具有小于 0.05% FS 的零偏稳定性，且在 -40~125℃温度范围内，全寿命周期的零位稳定性小于 5 mg。

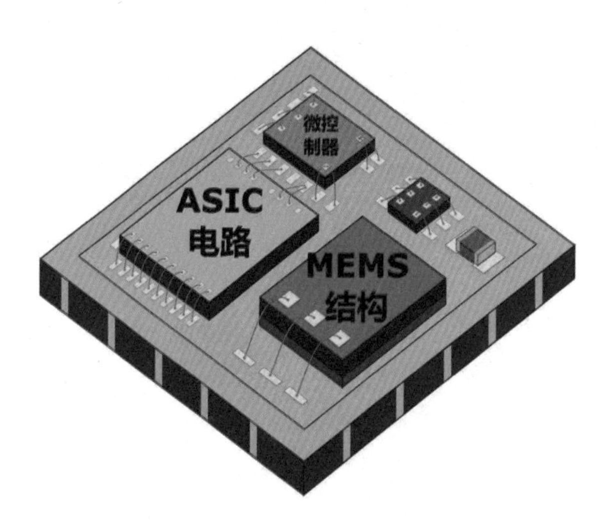

图 5.2　MS9000 系列加速度计器件

AMD 公司于 2020 年 12 月 31 日向美国专利及商标局提交了一份专利申请，展现了全新的模块化 GPU 设计方法。根据这项专利显示，新 GPU 将采用 MCM 多芯片模块化设计，具体如图 5.3 所示。从图 5.3（a）可以看出，每个 GPU 芯片都有专属区域负责与相邻芯片构成无源连接。同时，与 CPU 的通信单独交给第一个 GPU 芯片进行。从图 5.3（b）可以看出，这 4 颗 GPU 芯片将封装在同一个基板的中间层上，这是典型的 MCM 封装，同时集成了 4 颗芯片。关于内存同步问题，AMD 表示尽管每一个 GPU 芯片都有独立的末级缓存，但公司采用独特的耦合方式能够使所有小芯片同步运行。由于仅需要第一颗 GPU 芯片与 CPU 进行通信，因此在操作系统及 CPU 看来，仍是以一个 GPU 的方式进行工作。AMD 的下一步目标是使用模块化技术制造 CPU，即分别制造 I/O 芯片以及 CPU 运算单元，将不同工艺节点的芯片封装在一起，真正形成系统级封装。

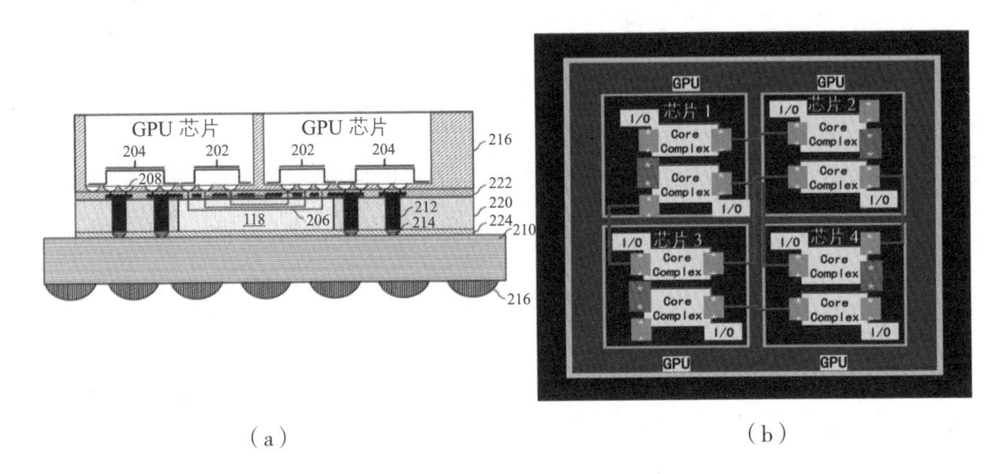

（a） （b）

图 5.3 MCM 多芯片模块化设计 GPU

（a）截面示意图；（b）顶视图。

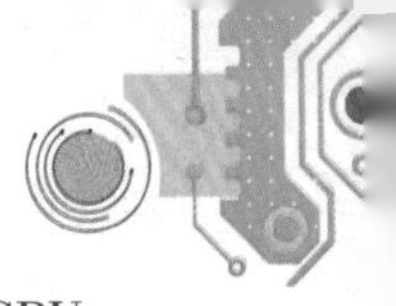

系统级封装（SiP）

为了满足人们对电子产品的众多期望，芯片上的晶体管集成度不断提高、功能不断增加，而封装也向着包含多芯片、多组件、多封装体的多功能系统方向发展，这就是系统级封装（System in Package，SiP）。如果说 MCM 是多芯片、多组件、多封装体的系统级别封装的前世，那么 SiP 才是实现一个封装系统的今生。也可以说 MCM 和 SiP 是“多胞胎”芯片的“混搭套装”的不同表现形式。前面着重介绍了 MCM，下面就介绍一下 SiP 技术。

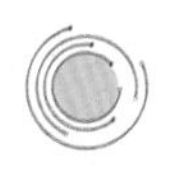

SiP 的出现

从 20 世纪 40 年代的第一颗晶体管出现开始，集成电路产业链呈现爆发式发展，无数种集成电路已经应用于实际产品。然而随着市场的需求，对集成电路技术要求越来越高，单个片上系统（System on Chip，SoC）芯片需要集成的功能越来越多，这会导致芯片的研发成本大幅上涨。与此同时，由于

电子产品对更多功能的需求，使得芯片设计的流片周期大大增加，费用也越来越高。这时，SiP 应运而生了。

集成电路从单一追求芯片功耗下降及性能提升，转向更加多元的满足市场需求、系统需求，而 SiP 就是实现这些需求的重要方法。SiP 从终端电子产品需求出发，不是一味关注芯片本身的性能、功耗，而是实现整个终端电子产品的轻薄短小、多功能、低功耗，即 SiP 中的芯片可能不是最先进工艺节点制备的（如 5 nm 技术），但相比于最先进工艺节点制备的芯片采用常规封装形成的产品，SiP 封装形成的产品却能获得更高的集成性能。在手环、眼镜等轻巧型可穿戴电子产品兴起后，SiP 的需求更是日益显现。那么什么是 SiP，其特征是什么呢？下面就开始认识 SiP。

SiP 的定义

SiP（System in Package）系统级封装，将多个集成电路芯片和其他无源元件（分立或者埋置）集成在同一封装内，形成具有一个电子系统的整体或其主要部分功能的模块，具备较高的性能密度、更高的集成度、更小的成本和更大的灵活性，从而达到性能、体积和重量等指标的最佳组合，是一项综合性的微电子技术。但其实 SiP 有很多种的定义，因为不同公司的产品不同。国际半导体产业协会（SEMI）对 SiP 做了更详细的定义：SiP 是一个包含多种具有不同功能器件的组合体，能提供不同的功能，形成一个系统或者亚系统，系统里面可以包含有源器件、无源器件、MEMS、光电子，甚至是已经封装好的封装体。从本质上讲，SiP 不仅可以集成多个芯片，还可以包括无源元件，电子连接器，天线和电池，它提供了一种将完整的电路功能（可以是子系统或模块）集成到一个封装中的方法。因此，SiP 技术特点就是强调功能完整性，非常具有应用导向性。

前面已对 SiP 做了详细的定义和介绍，但由于 SiP 广泛应用于各个领域，所以对 SiP 的分类也是进一步了解 SiP 定义的必经之路。下面就根据不同分类方法介绍一下 SiP 的分类，图 5.4 总结了典型的 SiP 分类方法。

从图 5.4 可以看出，按照芯片 - 基板的互连技术来区分，SiP 可分为两类：① 对多颗芯片或者器件采用传统的组装技术来实现封装，芯片之间的通信是

通过基板上的互连线完成的，主要方式有引线键合、倒装焊等。② 芯片之间的通信是直接金属互连的，这种技术将多个芯片实现垂直堆叠，主要方式有引线键合、通孔（Through via）技术、Cu 柱。

按照芯片的排列方式来区分，SiP 可分为两类：① 多芯片模组的平面 2D 封装；② 多芯片模组的 3D 堆叠。

按照芯片内部键合方式来区分,SiP 也可分为：① 引线键合；② 焊球键合。

不同芯片通信方式、排列方式及内部键合技术，使得 SiP 封装能够高度地符合厂商需求，实现个性化定制。

<table>
<tr><td colspan="2">二维</td><td>QFP 封装</td><td>BGA 封装</td><td>芯片倒装</td></tr>
<tr><td rowspan="3">三维</td><td rowspan="2">堆叠</td><td>QFP 封装</td><td>封装堆叠</td><td>封装体内堆叠封装体</td></tr>
<tr><td>基于引线的芯片堆叠</td><td>引线键合 + 倒装芯片</td><td>硅通孔</td></tr>
<tr><td>埋入</td><td colspan="2">埋入式芯片 + 表面上的封装体</td><td>3D 芯片埋入式</td></tr>
</table>

图 5.4　SiP 分类

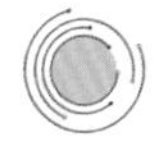

SiP 的工艺

SiP 的封装工艺是依据芯片和基板的连接方式来划分的，目前主要分为倒装焊和引线键合。

1. SiP 的引线键合工艺：引线键合工艺的主要流程如下：① 晶圆减薄；② 晶圆切割；③ 芯片粘接；④ 多颗芯片与基板引线键合；⑤ 等离子清洗；⑥ 液态塑封剂灌封；⑦ 制备焊球；⑧ 回流焊；⑨ 表面打标；⑩ 分离。下面对每一步骤具体进行介绍。

（1）晶圆减薄：将用于 SiP 的多层芯片进行晶圆减薄，主要利用研磨、CMP 等技术从晶圆背面进行减薄，使晶圆能够满足接下来的封装工艺需求。目前的晶圆尺寸越来越大，只能不断增大晶圆厚度，来提升晶圆的机械强度，防止晶圆在工艺过程中发生弯曲。但是如同上述介绍过的，目前封装的发展方向是小型化，微型化，轻薄化，所以厚度太大的晶圆已经不能小型化要求。因此在封装工艺之前，必须要将厚度太大的晶圆减薄到适合封装的程度。SiP 系统中存在多个芯片、多层堆叠芯片，因此需要分别对这些晶圆都进行减薄从而实现最终的封装。

（2）晶圆切割：采用各种切割工艺将减薄之后的晶圆进行划片成芯粒，使其能够达到封装的要求。

（3）芯片粘接：将切割下来的芯片分别贴装在 SiP 基板的对应位置上，需要进行光学对准，并粘接固化。粘结剂主要采用导电银浆、非导电粘结剂等，根据是否需要接地、散热等来选取。

（4）引线键合：将芯片上焊盘和基板上焊盘进行引线键合，形成电学连接。金线是最常用的引线，近些年 Cu 等引线也发展起来了。由于封装不断向微型化发展，这促使了引线键合也不断向前发展改进。为了满足 SiP 封装需求，目前引线长度从 200~300 μm 已经减小到了 100~125 μm，然而过短的引线长度使得引线紧绷，张力增大。此外，由于引线将基板上的电源线和地线引入到芯片上，所以在键合时必须要考虑引线间隙太小会导致短路的情况。因此，目前封装的最小间隙必须大于 625 μm，且对键合引线的线性度和弧形也要求较高。

（5）等离子清洗：等离子清洗是通过使用电离的等离子体气体从物体表面去除所有有机物质的过程，这通常在使用氧气和 / 或氩气的真空室中进行。等离子体通常会在被清洁的表面上留下自由基，以进一步增加该表面的粘合性。因此，在灌注塑封剂之前，需要用氧气等离子处理表面增加表面粘附性，使得液态塑封剂能够更好地粘附在基板表面，无气泡、孔洞等。特别是 SiP 系统里面有很多芯片、封装体、无源器件等，因此存在很多缝隙导致液态塑封剂流动性变差，等离子体清洗变得更加重要。

（6）液态塑封剂灌封：前面步骤已经通过粘结剂和引线键合将芯片固定在基板上，并放置在注塑模具中，接下来将塑封料的预成型模块在预热炉

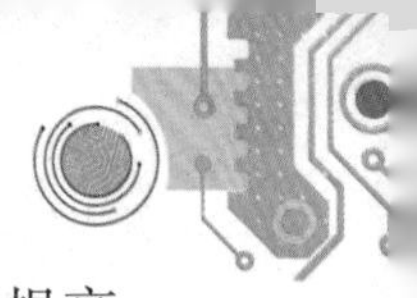

（90~95℃）中预热，接着转移到成型机（170~175℃）进行固模。为了提高器件可靠性，防止塑封料未全部固化，此时需要进行后固化处理，从而大幅提高塑封材料的聚合度，温度在 170~175℃，时间通常为 2~4 小时。

（7）制备焊球。目前芯片产业链最常用的焊球装配方法有两种："锡膏" + "锡球"，"助焊膏" + "锡球"。"锡膏" + "锡球"的方法是在基板焊盘上印刷锡膏，再用植球机在焊盘上植锡球。锡膏的作用是粘附锡球，在加温时增大锡球的接触面使其受热均匀减少虚焊的可能。"助焊膏" + "锡球"的方法是在基板焊盘上印刷助焊膏，再用植球机在焊盘上植锡球。助焊膏的作用是粘附锡球和抗氧化。两种焊球方法中，最受认可的是"锡膏" + "锡球"，原因是因为与第二种方法相比，最终形成的焊球无论是焊性、光泽还是准确度都更好。

（8）表面打标：打标就是在 SiP 封装模块的顶表面用印码方法做上标识。为了识别和跟踪制造商、国家以及器件代码等信息。

（9）分离切割：分离就是芯片在塑封和测试工序完成以后，采用冲压工艺将原本连在一起的框架封装体分割为单个封装体。

2. SiP 的倒装焊工艺：介绍了引线键合工艺，下面让我们了解一下倒装焊工艺。倒装焊的工艺流程是：① 焊盘再分布（可选）；② 圆片减薄、制作凸点；③ 圆片切割；④ 倒装键合、填充下填料；⑤ 液态塑封剂灌封；⑥ 制备焊球；⑦ 回流焊；⑧ 表面打标；⑨ 分离。由于倒装焊的部分工艺与引线键合相同，下面主要介绍不同的工艺。其中晶圆减薄和切割、液态塑封剂灌封、制备焊球、回流焊、表面打标、分离等工艺已经在前面介绍过，所以不再讲述。

（1）焊盘再分布：如果芯片焊盘尺寸和节距无法和 SiP 基板的尺寸和节距匹配，可以采用再布线的方式再次增大焊盘尺寸，分配焊盘节距，从而与基板的尺寸相当。这主要是因为芯片工艺发展速度太快，焊盘尺寸和节距非常小；而基板工艺发展相对较慢，焊盘尺寸和节距较大。因此，需要将芯片互连线进行重新分布及划分，使其尺寸及节距增大。

（2）晶圆减薄、制作凸点：晶圆减薄前面已经讲过，这里不再赘述。在晶圆焊盘上制作凸点的具体步骤是：① 晶圆钝化和金属化；② 金属层溅射；③ 涂敷光刻胶及光刻；④ 电镀凸点下金属层（UBM）；⑤ 电镀焊料凸点；

⑥ 去除光胶；⑦ 去除 UBM；⑧ 回流。制作凸点的材料主要分为三种：① 高温焊料（熔点高于 250℃，例如 Pb-Sn 等）；② 中温焊料（熔点在 200~250℃，例如 Sn-Ag 等）；③ 低温焊料（熔点低于 200℃）。目前制作凸点通常采用的方法是电镀法、印刷法，因为通过电镀工艺得到的凸点密度高、成本低、良品率高，因此，应用越来越广泛。

（3）倒装键合、填充下填料：在制备好凸点之后，将芯片以倒扣方式安装在封装基板上。为了增加可靠性，往往会在芯片与基板之间填充环氧树脂等下填料，减小凸点的热机械应力。具体步骤是：① 浸入助焊剂；② 倒装芯片；③ 回流焊接；④ 预热；⑤ 底部填充；⑥ 固化。通过倒装键合的方法，就可以使得芯片上的凸点与基板上的焊盘实现电学连接。

相较于引线键合，倒装焊工艺具有以下优点：① 缩短了互连线的长度，降低了传输延迟，更加适合高频率、大功率的器件等应用场景；② 为更好地设计芯片电源线和接地线提供可能；③ 克服了引线键合焊盘中心距无法缩小的问题；④ 芯片背部可通过安装散热器来进行散热，降低器件温度；⑤ 具备高可靠性。

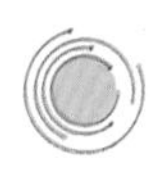

SiP 的优势

在 IC 封装领域，SiP 是一种集成度高、功能多、优势突出的先进封装，主要归纳为以下几点：① 可实现系统集成，多个集成电路芯片、分立器件和无源元件集成在一个封装中，并且可以堆叠多个芯片；② 对于不同工艺、不同功能的芯片，可以实现完美兼容，完成高效可靠的系统级异质集成；③ 有效地解决了 SoC 不能集成模拟、射频和数字功能的问题；④ 在一个封装体内组装了各种 IC 芯片、无源元件，能够实现系统功能，这是缩小尺寸、提高集成度的有效途径；⑤ 相对于 SoC，无需进行晶圆级布局布线，从而减少了版图设计、验证和调试的复杂性，缩短了系统实现时间，即使需要局部改动设计，也比 SoC 简单，使得设计成本大幅度降低，并节省时间成本；⑥ 相较于 SoC，SiP 可提供低功耗和低噪声的系统级连接；⑦ 机械可靠性和抗化学腐蚀能力高。基于以上这些优点，SiP 广泛应用于数字系统、光通信、传感器和微机电系统等各行各业。

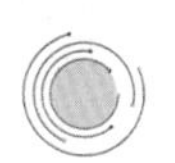

SiP 的应用

由于 SiP 封装可将其他如被动组件、天线等系统所需的组件集成在一个结构中，使其更具完整的系统功能，因而更适用于低成本、小面积、高频高速，及生产周期短的电子产品，尤其是功率放大器、全球定位系统、蓝牙、影像传感器模块、记忆卡等可携带式产品。接下来对于这些涉及到的领域进行一个简单介绍。

1. 无线通信领域：由于无线通信领域对传输效率、噪声、体积及成本等多方面的高要求，促使无线设备向小体积、多功多和高性能等方面发展，这些要求能通过 SiP 实现完美解决，因为 SiP 具有以下优势：① 能够整合芯片功能以及半导体生产；② 降低成本，缩短上市时间；③ 克服了工艺兼容性、多信号耦合、功率噪声等问题；④ 能够集成轻量型设备中所需要的射频功放，功率控制以及收发转换开关等功能。图 5.5 所示便是一个基于 SiP 技术的射频芯片模组。

图 5.5　射频芯片

2. 智能手机领域：目前，智能手机设备已经往超轻、超薄、高性能方向发展，各个手机厂商都在将自己的手机厚度不断缩小，不断轻薄化带来的问题就是对手机的部件重量、体积有更高的要求。此外，手机设计周期短，SoC 系统因设计复杂、成本高等问题限制了其广泛应用。而 SiP 的优势恰好

能满足以上所有要求，因此，SiP 成为了手机封装的必备技术。

以 iPhone 来举例，苹果公司在制造 iPhone 时大幅降低 PCB 的使用量，而将原本集成在 PCB 上的模块集成到 SiP 模块中。iPhone 就是苹果公司的第一款完全基于 SiP 的手机。使用 SiP 意味着可以将原本多功能芯片集成导致厚度很厚的手机变得更加轻薄。与此同时，由于 SiP 体积小的特点，可以大幅增加手机内部的物理空间，使其能够集成更多的模块，比如高像素摄像头等。正因为苹果公司对 SiP 技术如此看好，目前销量较高的智能手表 Apple Watch 也使用了 SiP 技术。

3. 医疗电子领域：医疗电子领域中，由于与人体内部有紧密的联系，因此医疗电子产品对小型化、高可靠性提出了较严格的要求，而 SiP 恰好都能满足所有要求。因此，SiP 在医疗电子领域中有很多代表性的应用，其中最重要的应用就是可植入电子设备，比如胶囊式内窥镜。典型的内窥镜 SiP 系统里面包括 CMOS 图片传感器（CIS）等光学芯片、加速器传感器、磁力仪、图像处理器芯片、功率芯片、无线信号发射器芯片、存储芯片等，完美地实现了小型化的要求。通常，图像处理器和从属芯片负责信号处理及控制、CIS 负责拍照片、存储芯片 flash 等负责存储照片、功率芯片负责供电、加速器传感器和磁力仪负责调整位置等、拍摄的照片通过信号发射芯片传输给体外设备。这种小型的复杂医疗设备系统很好地诠释了 SiP 可以实现照片采集、图片处理、无线通信、位置移动等多种功能，充分体现了 SiP 的优势。

4. 航空领域：我国的微小卫星具有“快、好、省”的特点，在太空局部区域运行具有较明显的优势，是卫星领域具有明显战时应急优势的重要武器装备。而星载电子系统在微小卫星中具有举足轻重地位，负责微小卫星的编组飞行、导航控制、数据管理与测控通信，因此，星载电子系统是微小卫星的保障系统，这也导致星载电子系统体积和重量直接关系到发射成本和卫星在轨工作寿命。采用 SiP 产品制备星载电子系统，可以有效减少运载火箭自身的重量，从而减小入轨成本。通过 SiP 技术制备星载电子系统可以缩减卫星总重量，在同等运载能力和成本条件下，可以实现一箭双星或一箭多星，从而大幅降低单颗卫星的入轨成本。以某型号弹载计算机里面的 SiP 电子系统为例，它由多个运算控制器、存储模块和一个高密度互连网络组成，元器

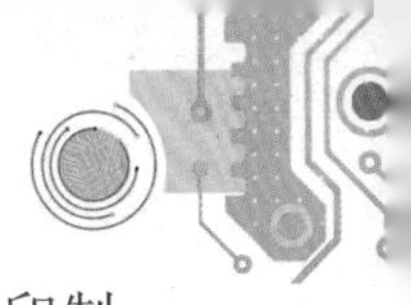

件总数量达到 300 个以上，共同集成在一块直径不大于 130 mm 的梯形印制板组件上，组装密度达到 65% 以上。

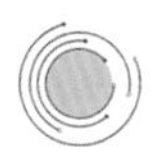

SiP 封装的未来

SiP 产品设计集众多技术于一体，其中包括封装技术、基板技术、热力设计技术、测试和可靠性技术、电路设计和模型技术、MEMS 传感器技术等，具体如图 5.6 所示。因此，设计过程需要综合考虑如何实现多种电路、材料、工艺、二维 / 三维互连结构的高密度、高可靠性集成，需要综合优化电、热与机械（力学）性能，全局平衡信号 / 电源完整性、电磁兼容以及空间环境影响。因此，未来 SiP 的电路设计、机械、热设计是所有 SiP 产品都需要进行大量研究的方向。特别是带有三维堆叠、基板埋置器件、射频芯片的 SiP 系统相关设计。

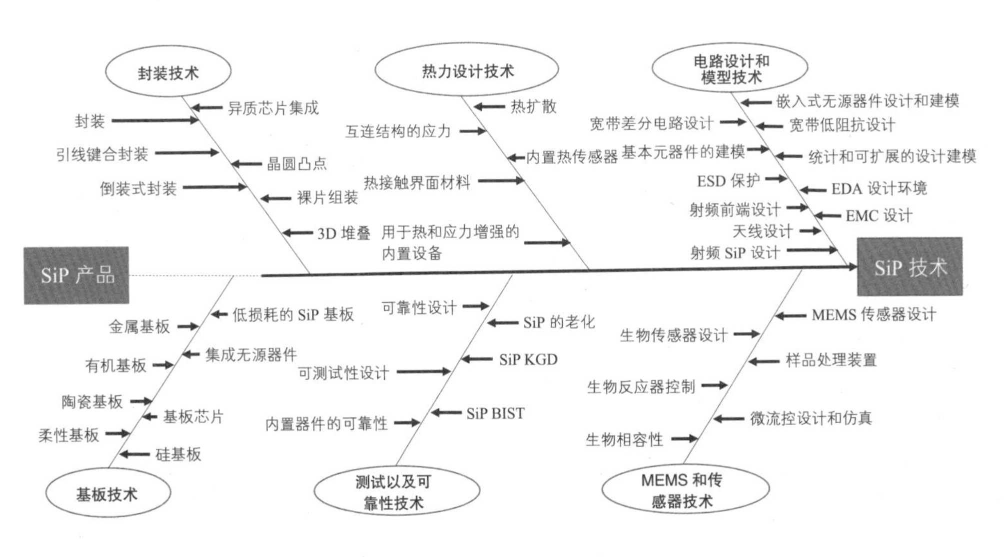

图 5.6　SiP 所需的技术链

此外，系统复杂性决定系统的成品率取决于各个系统的 KGD，因此测试也是未来着重发展方向。国内部分现有检测单位对复杂的大规模 / 超大规模集成电路、微波组件等尚无完整的检测能力，更不具备对 SiP 开展完整的检测分析。而且，我国 SiP 产品整体可靠性与国外产品相比依然有差距，特别

是应用在可靠性需求高的航天航空等领域。由于航天产品本身订量小，无法大量批产，大多以手工作坊的模式进行生产，这导致 SiP 产品的良品率无法得到保障。同时，受限于国内芯片、材料、工艺、设备以及封装设计的水平，部分航天用 SiP 出现芯片性能指标偏低、抗 ESD 能力差、易受干扰、内部互连不稳定、塑封料易受潮等问题，产品可靠性较差。因此，应用于航天航空等高可靠性 SiP 也是未来一个重点发展方向，以航天重点型号的关键元器件的国产化工作为主导，不断推动 SiP 产品的整个产业发展。

第六章　三维封装（3D Packaging）
——新兴的“立体服饰”

前面讲过所有封装技术都是在二维方向上的发展和改革，而真正改变了封装技术发展史、也改变了封装在集成电路产业链地位的变革性技术是三维封装技术。在三维封装出现以前，二维封装占据了市场的主导地位。二维封装就是将集成电路芯片等电子元器件并列地安装到框架或者基板上，就好比在一件单层衣服上绣的平面图案。前面的封装技术相当于芯片的“内衣”（芯片－基板互连）、“中衣”（基板和 PCB 的连接）和“外衣”（PCB 和整机的连接），每件“衣服”都是平面的，上面的图案也是平面的。而三维封装相当于芯片每件“衣服”上都可以做成双层甚至多层镂空等结构，甚至带有立体刺绣等，芯片的“衣服”变得不再是平面且单调的。

三维封装的出现背景

集成电路发展的瓶颈

集成电路的特征尺寸不断减小，促使晶圆上的晶体管数目不断增加，使得芯片的性能越来越好，SoC 上集成的器件数目越来越多、功能越来越强大。但是近些年晶体管的特征尺寸已经接近物理极限，目前报道的可量产晶体管最小特征尺寸为 3 nm，但这个工艺制程特别昂贵，已经使得每块芯片的总成

本高到令一般民用产品望而却步。

此外，前道互连和封装互连带来的延迟和功耗问题也是非常严重的。

首先，针对前道互连。自从1997年IBM公司首次推出6层铜互连，至今，芯片上前道铜互连层数已经增加到了12~15层。国际半导体技术发展蓝图组织（ITRS）指出，当不考虑全局互连时，局部互连密度已经增长到4545 mm/cm^2（22 nm工艺节点）。互连密度增加，导致单位面积内互连线的交叉和干扰就大大增加，这相当于在同一件衣服上所用绣线变得越来越细、越来越多，就会导致线之间绕线、干扰大大增加，而为了改善这种状况，就必须让绕线更远避开干扰，最终导致互连线总长度进一步增加。如此之高的互连密度，随之而来互连长度急速增加，再加上为了解决串扰等问题额外增加的互连长度，导致全局互连线总长度大大增加，而总功耗也必然大大增加。这是因为互连线长度增加，总电阻增大；互连密度增加，寄生电容也增大；而互连功耗与二者乘积成正比。功率消耗也是我们在芯片封装时必须要考虑的重要因素之一，就如同绣图案时也不能忽视针线的消耗。根据Intel和IBM的研究发现，在主流高性能的微处理器的动态功耗中，互连线消耗了51%。而随着晶体管物理尺寸越来越小、集成度越来越高，所需的高密度互连线带来的消耗为处理器总功率的80%。值得注意的是，芯片功率功耗的增加会直接导致总功耗增加。功耗增加首先对能源消耗增加，其次系统散热也会成为问题。

其次，针对封装互连。前面已经指出封装的主要作用是提供信号传输与电源分配，前道互连密度极大增大，导致封装互连密度也必将大大增加，对应的封装延迟、噪声、功耗也不断增加，而且增加的幅度比前道互连还要大。此时，传统的封装方法已经无法解决以上问题了，如何能缩短封装互连长度、减小互连延迟，但又能满足芯片集成度、性能等方面的要求，是值得全球研发人员都关注的难题。

系统级封装（System in Package，SiP）发展受限

随着时代的发展，电子设备如：手机、传感器、平板电脑等逐渐小型化，使得集成电路市场往微小化、多功能化发展。为了满足市场对于电子产

品的需求，系统级封装应运而生，而且随着不断成熟和发展，已经获得了市场的认可。

目前，SiP 的主要发展方向是应用于微小型电子设备，发挥其体积小、集成度高、功能多、可靠性高的特点。然而，随着集成电路制造工艺的发展使得芯片的物理尺寸不断缩小，SiP 系统的工艺和可靠性也随之出现了很多问题：① 集成工艺越来越复杂；② 系统性能稳定性变低；③ 信号延迟增高；④ 系统散热难；⑤ 信号易受干扰。因此，如何解决这些技术难题，继续不断提升系统性能、降低功耗成为了新的研究热点。

三维封装就在此时应运而生了，以其体积小、信号延迟低、集成度高、功耗低等优势迅速受到了学术界和产业界的青睐。因此，接下来将详细介绍三维封装技术。

三维封装的形式及特点

三维封装定义

三维封装（Three-dimensional Packaging/Integration）又称三维集成，是指采用一定的键合方法将多层芯片在垂直方向上进行堆叠，并通过引线键合、通孔、铜柱等垂直互连的方法实现芯片从正面到背面的互连转移，从而形成一个三维堆叠结构。但如果对三维集成进行更精准定义的话，三维集成并不仅仅是一个多层芯片的三维堆叠结构，而是在此基础上，采用了引线键合、通孔技术、铜柱技术等实现了芯片内部垂直互连，使得不同芯片之间能够实现电学连接，最后共同完成一个或多个功能，图 6.1 就是通过通孔、异质键合进行芯片堆叠的三维集成示意图。

三维集成通过提升空间维度来提高集成度，缩短了芯片之间互连距离，从而减小了延迟和功耗。与此同时，由于三维集成是多个不同功能的芯片堆叠成三维结构而并非缩小其物理尺寸，因此三维集成也开辟了摩尔定律的另一个发展方向。总的来说，三维集成技术出现的原因有：① 集成电路芯片中晶体管特征尺寸已经接近物理极限；② 电子产品对更高集成度、更短互

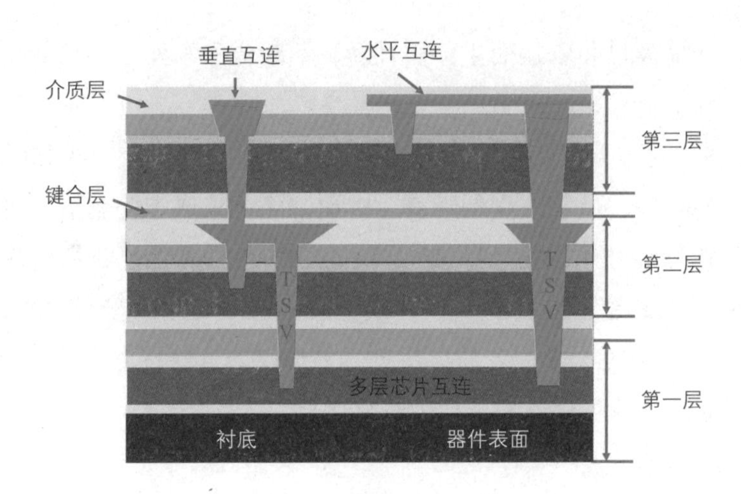

图 6.1　三维集成示意图

连线、更大带宽、更低功耗的需求，三维集成可以不断继续向前发展的主要原因有：① 缩短互连长度、减小互连延迟、减低互连功耗；② 实现异质集成，将不同功能的电路和器件可以在三维方向上进行集成，实现系统级功能；③ 满足不同应用场景。

正因为三维集成的这些优点，通过三维集成技术可以实现更多功能、更好性能、更小体积、更低功耗的系统级封装，例如 CMOS 图像传感器、堆叠存储器、现场可编程门阵列（FPGA）等。

根据比利时微电子研究中心（IMEC）的定义，将实现芯片三维集成的方法分为三维系统封装（3D System-in-Package，3D SiP）、三维晶圆级封装（3D Wafer-Level-Packaging，3D WLP）、三维堆叠集成（3D Stacked-IC）等。这些三维集成结构的实现方法都有一个共同点：多层芯片堆叠，它们的区别是在于在实现三维集成结构时采用的是封装级引线键合还是通孔实现电学互连，接下来将详细介绍这三维系统封装方法。

 三维系统封装（3D SiP）

首先，我们先对三维系统封装的定义进行了解。三维系统封装是指利用封装技术中的引线键合或者倒装芯片技术，在封装层面上对多层堆叠芯片的连接。当采用引线键合实现三维系统封装的多层芯片堆叠时，这种多芯片堆叠只是单纯的结构上堆叠，每层芯片都只与基板通过引线键合连接，芯片之间并没有互连引线，这意味着芯片之间并不存在逻辑联系，而且引线长度并不能有很大程度的减小，这意味着困扰着集成电路发展的问题——缩小全局引线长度的问题并没有得到解决。与此同时，由于每条引线都需要有焊点，受到焊点密度的限制，这种封装方式只能提高集成度，不能减小全局互连的数量。

当采用倒装芯片技术实现芯片堆叠时，可以将两层芯片进行面对面的堆叠，实现芯片间的信号传输，这种方法广泛应用于非制冷红外探测器领域。但是这种技术没办法完成底层芯片和基板的连接，此时通孔技术应运而生了。此外，通过引线键合的三维系统封装实现了多层芯片的堆叠，但仍未解决缩小全局引线的问题，而通孔技术可以解决这一问题。

因此，通孔技术是三维系统封装非常关键的技术。下面着重对其进行介绍。

根据通孔填充的材料、基板材质以及不同的应用，通孔技术主要分为硅通孔（Through Silicon Via，TSV）技术、塑料通孔（Through Molding Via，TMV）技术和玻璃通孔（Through Glass Via，TGV）技术，这些技术有时也会统称为封装通孔（Through Package Via，TPV）。接下来将会按照顺序介绍这三种不同的技术以及相关的工艺。

1. 硅通孔（Through Silicon Via，TSV）技术：要“绣“好三维系统封装这件“衣服”，TSV 技术是最核心、最关键的技术，类似于绣衣服用的线。图 6.2 展示了基于 TSV 的三维系统封装示意图，其中包括基板衬底、多层堆叠芯片（带 TSV）、MEMS 系统、硅转接板（带 TSV）、PCB 板。我们可以看到，与传统三维系统封装不同的是：① 每层芯片不用通过引线键合与基地连接，而是每层芯片之间直接采用微凸点进行连接，硅片内部采用 TSV 连接，将芯片的互连线从芯片正面连接到背面；② 正因为有 TSV 的存在，使得芯片之间开始有电学功能的互通，多层芯片可以同时实现一个或多个功能；③ 硅转接板和底部 PCB 板也是采用 TSV，而不是传统基板的过孔，通孔的密度和直径精度都得到了极大地提高，进一步缩短了封装互连长度、降低了互连过孔处的接触电阻等。

通过 TSV 技术，多层芯片实现了垂直互连，使芯片之间的距离更近，一

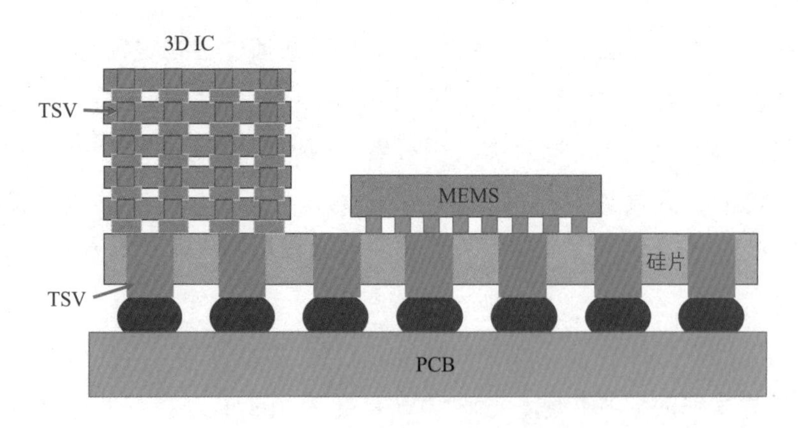

图 6.2　基于 TSV 的三维系统封装

直困扰我们的全局互连线增加的问题得到了解决。而互连线长度的缩短，更意味着能减少相关寄生效应，降低了互连线的功耗，使器件以更高频率运行。总而言之，TSV 所带来的主要优势有：① 缩短互连线长度，传输距离缩短为原来的千分之一；② 实现不同层级芯片的系统集成；③ 显著减小互连延迟，大幅提高计算速度；④ 大幅降低系统噪声和互连功耗。

（1）硅通孔的分类：正因为 TSV 在三维系统封装中如此重要的地位，所以 TSV 的工艺制备在相当长一段时间成为封装及材料方向的研究热点。由于不同公司的 TSV 工艺设计都不同，接下来让我们更为详细地了解 TSV 的工艺的分类及具体步骤。

按照刻蚀孔和填充方法的不同，TSV 工艺分为通孔（Through Via）和盲孔（Blind Via）两种。通孔 TSV 工艺的主要步骤为：① 深硅刻蚀形成硅通孔；② 减薄硅片至硅通孔所需要的厚度；③ 沉积绝缘层、阻挡层和种子层；④ 光刻形成底部图形，并制备电镀凸点层；⑤ 电镀填充 TSV；⑥ 刻蚀；⑦ 正面、背面布线；⑧ 制备凸点；⑨ 晶圆键合。这种电镀方式的优点是：① 可以实现孔内上下同时沉积铜，从而可以避免填充过程中出现提前封口，有效防止 TSV 孔洞和缝隙；② 可以实现超高深宽比的硅通孔的填充。但是这种方法不适合那种深度比较小的通孔，因为晶圆不能减至非常薄。也有很多人对这种方法进行了其他探究，例如采用带有金属层的临时键合载片，与制备了通孔的 TSV 进行临时键合，电镀 TSV 结束，并实现了多层芯片堆叠时，再去除载片。

盲孔 TSV 的制备方法主要流程为：① 深硅刻蚀；② 绝缘层、阻挡层和种子层沉积；③ 电镀铜；④ 上表面化学机械抛光；⑤ 正面布线；⑥ 临时键合；⑦ 晶圆减薄；⑧ 背面布线；⑨ 制备凸点；⑩ 晶圆键合。与通孔 TSV 制备方式不同的是，由于硅衬底在减薄过程中容易破碎，为了增加其机械强度，盲孔 TSV 制备方式一般需要辅助承载临时键合晶圆，并在背面减薄之前与 TSV 晶圆进行键合。正因为临时键合晶圆的支撑，盲孔 TSV 制备方式可以将衬底减薄到几十微米。理想状况下，如果 TSV 的深宽比不变，衬底越薄，那么 TSV 直径就会越小，从而使得 TSV 密度增大。但这只是理想情况，在现实中，由于受到深硅刻蚀、介质层沉积等工艺的限制，盲孔 TSV 制备方式很难制备极高深宽比的 TSV。然而随着技术，设备等不断进步，盲孔 TSV 制备方式制备的 TSV 的深宽比可达到 10∶1，已经能满足目前三维集成应用。由于盲孔 TSV 制备方式制作的芯片更薄，已经成为了大批量生产的主要研究方案。

除了上述分类方法，根据硅通孔与前道互连的顺序不同，还可以分为先通孔（Via-first）、中间通孔（Via-middle）、最后通孔（Via-last）三种方式，具体如图 6.3 所示。顾名思义，Via-first 方法是先制备通孔，再去制备晶体管、前道互连、后道互连和焊球等，Via-middle 方法是先制备晶体管和前道互连，再制备通孔，最后制备后道互连和焊球等；Via-last 方法是先制备晶体管、前道互连和后道互连，最后制备通孔，再进行焊球制备等其他封装工艺。这种分类方法只是改变制备通孔的顺序，但是整体工艺流程还是和前面所说的通孔、盲孔工艺一致。

上述大概介绍了 TSV 工艺的分类，接下来我们详细介绍每个工艺步骤，让大家了解制备芯片三维“刺绣衣服“的具体形式。

通孔刻蚀是制备 TSV 首要步骤，目的是在硅晶圆上刻蚀出目标要求深度的孔洞。按照不同的方法，通孔刻蚀主要分为湿法刻蚀和干法刻蚀。目前最主流的干法刻蚀技术是深硅刻蚀 DRIE 刻蚀，它的主要流程是：

① 光刻形成孔图案。

② 单个 Bosch 刻蚀周期。刻蚀周期开始是用 SF_6 离子在电场加速作用下几乎垂直进入衬底，刻蚀未被光刻胶保护的硅，形成初始的纳米孔；保护周期是在孔洞的所有表面沉积 C_4F_8 进行保护；再进行下一个刻蚀周期，用加

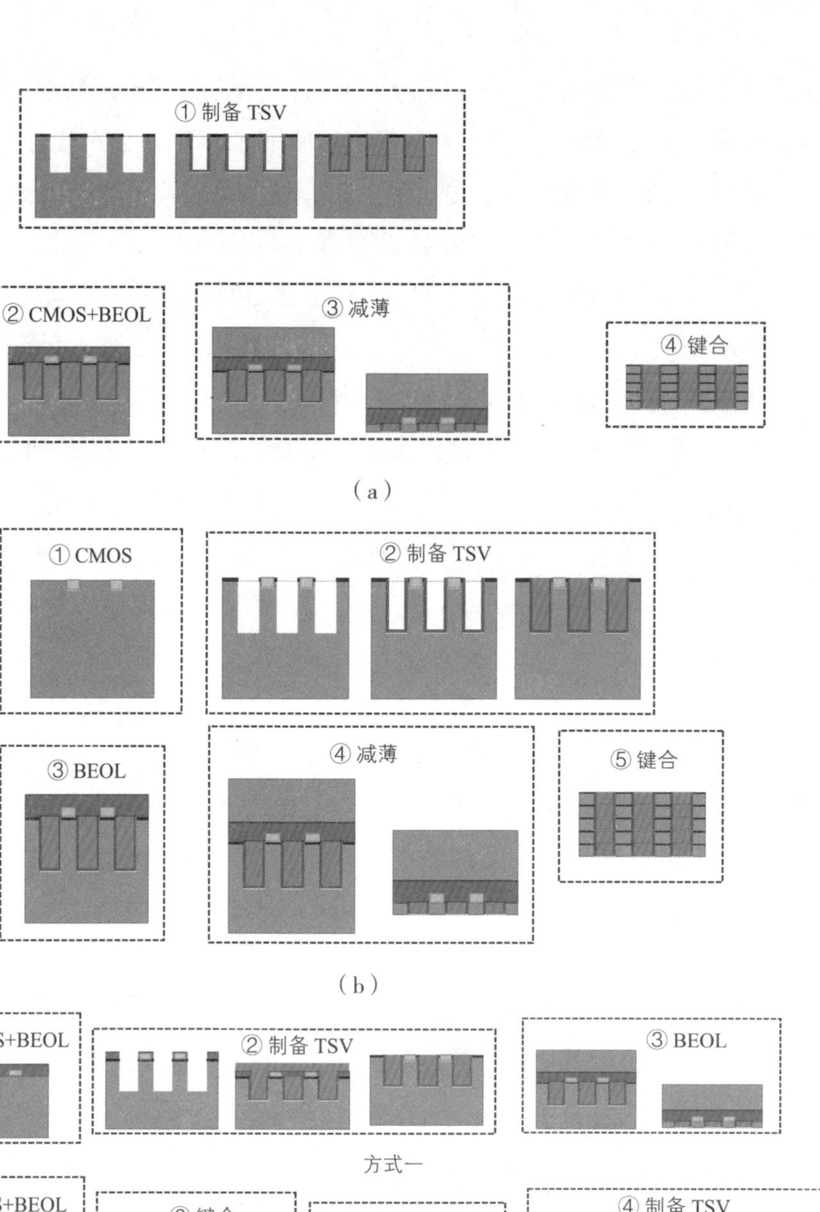

方式一

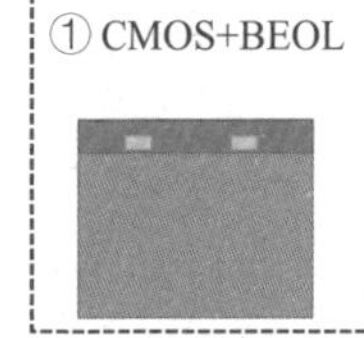

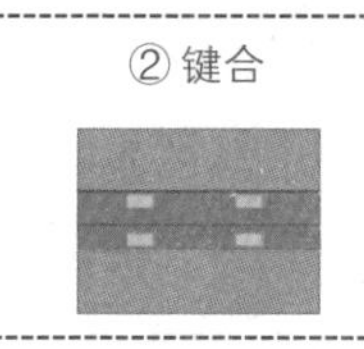

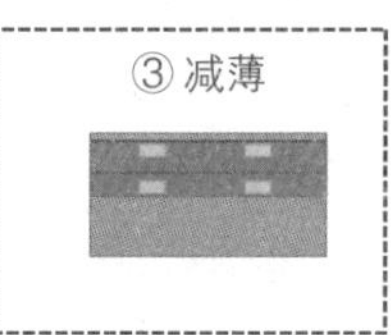

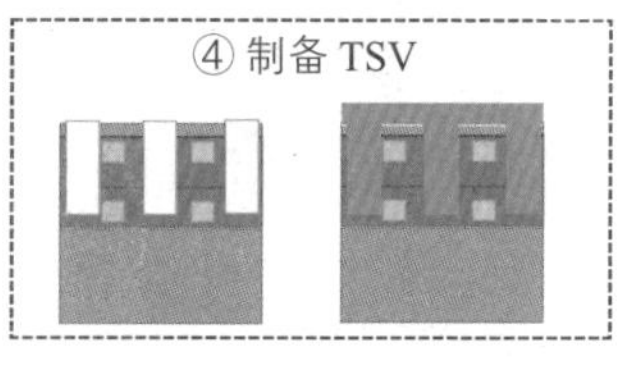

方式二

(c)

图 6.3　TSV 分类

(a) Via-first TSV 的三维系统封装；(b) Via-middle TSV 的三维系统封装；(c) Via-last TSV 的三维系统封装。

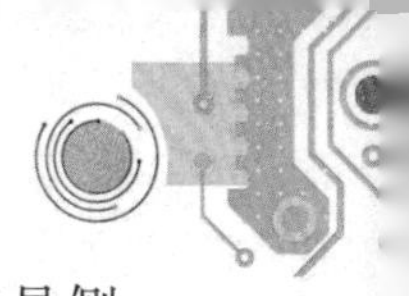

速的 SF_6 离子快速刻蚀去除掉覆盖在孔洞底部 C_4F_8 和一定厚度的硅，但是侧壁 C_4F_8 由于与 SF_6 离子平行，被刻蚀速度慢，从而保证刻蚀周期结束时恰好 C_4F_8 被全部刻蚀而侧壁硅不会被刻蚀，同时底部硅已经形成了纳米厚度的刻蚀。

③ 重复 Bosch 刻蚀周期直至刻蚀至所需的深度，即重复钝化和刻蚀。

④ 去除光刻胶。

⑤ 清洗深孔。

绝缘层、阻挡层（粘附层）和种子层的沉积在整个 TSV 制备过程中起到承上启下的作用，决定了制备后 TSV 电学性能和可靠性。它的主要流程是：

① 在侧壁沉积 SiO_2 用作绝缘层，为了防止填充的金属与硅基板之间发生连接而短路。值得注意的是，使用不同工艺沉积所导致 SiO_2 的介电常数不同，但综合考虑沉积速率、温度需求、沉积覆盖率等要求，等离子体增强化学气相沉积（PECVD）是最常用的沉积技术。

② 在侧壁沉积 TiN 用作阻挡层，由于 TSV 一般的电镀材料为铜，而铜在 SiO_2 扩散速度快，一是降低 SiO_2 的介电性能；二是铜扩散进入硅严重影响器件的电学特性；三是由于铜与 SiO_2 的粘附性不高，所以需要沉积一层粘附层，而一般 TiN 既可以作阻挡层又可以作粘附层。

③ 沉积导电种子层。在阻挡层 / 粘附层之后沉积出一层种子层 Cu，主要作用是为电镀铜提供导电通路，同时溅射方法制作的铜种子层晶核多，可以为电镀提供铜晶核，从而快速电镀制备均匀 Cu。

电镀是进行硅通孔填充、实现电学互连的关键步骤，主要目的是将导电材料填充到通孔中。目前硅通孔中主流的填充物主要是铜，原因在于成本低、电热性能好、工艺成熟。但电镀铜的孔洞率与 TSV 的直径 / 深宽比息息相关。当直径大于 25 μm 时，铜的填充效果比较好。然而铜与硅的热膨胀系数不匹配导致的热应力影响区会大大减少 TSV 附近布置晶体管的面积。而减小 TSV 直径，可以缩小热应力影响区。在 TSV 直径缩小至 10 μm 以下时，电镀往往会出现底部未完成、顶部已封口的现象，大幅降低了可靠性。为了解决这个问题，目前通常调剂电镀液中的电镀促进剂和抑制剂，提升孔内的沉积速率和抑制孔外的沉积速率，从而实现自下而上的电镀工艺，有效避免了填充孔洞产生。电镀的材料除了铜之外，其余电镀材料还有三种：① 金属钨（W），

必须采用 MOCVD 制备，成本很高，适合非常小的孔径；② 多晶硅，必须采用 LPCVD 制备，由于硅是半导体，会产生很大的寄生电容，不适用于电学信号连接；③ 导电银浆，采用印刷的方式沉积导电银浆，加热衬底后导电银浆形成液态银浆，流动进入孔侧壁，就可以自动填充孔，但是需要较厚的侧壁金属层，防止液态银浆进入孔内后和侧壁金属层形成金属间化合物，导致粘附性变差而脱落。

晶圆减薄是键合的前序步骤，目的主要有：

① 减小晶圆厚度，用于多层芯片堆叠。

② 使电镀之后的 TSV 露出背面用于连接。晶圆越薄，意味着晶圆的强度与韧性下降，因此进行晶圆减薄时应尽量避免晶圆损伤。目前常用的减薄技术包括机械研磨、化学机械抛光、干法和湿法刻蚀。

键合是实现芯片堆叠的关键工艺，主要将单独的芯片或元器件集成为实现单一功能或者多功能的整体。主要作用是：① 芯片间的机械连接；② 芯片间的电学互连；③ 芯片间的热互连。三维封装中常用键合方式主要包括：① 微焊球连接；② Cu-Sn 等固液扩散键合；③ 异质集成键合（Cu-SiO_2 键合，Cu-BCB 键合）；④ Cu-Cu 直接键合。其中，使用焊球键合优点是成本低、应力低和电阻低，但是键合节距较大。使用 Cu-Sn 固液扩散键合成本低、节距较小，但是无法继续缩小节距至亚微米。使用异质键合可以实现非常小的键合节距，最小可以达 1.5 μm，但是关键化学机械抛光步骤的工艺成本高。使用 Cu-Cu 直接键合成本低、键合节距小，但是键合温度高。

上述的工艺流程不是单独进行的，而是相互影响的。例如：利用深硅刻蚀制备了一定深度的 TSV，那么在晶圆减薄时则需要受到 TSV 深度的影响设计减薄工艺；选择了 TSV 填充材料，必须选择对应的填充方式；填充导电材料后又会影响如何选择键合方法。这是牵一发动全身的工艺流程，因此 TSV 工艺流程的设计和优化在相当长一段时间都是研究的热点，目前工业界已经基本确定成套工艺流程。

2. 模塑料通孔（Through Molding Via，TMV）技术：最早 TSV 技术还不太成熟，但存储器等应用急需高密度和窄间距的封装形式，因此叠层（Package on Package，PoP）封装就营运而生了。PoP 是将采用塑料封装好的封装体进行垂直堆叠，封装体之间的连接是通过微凸点连接，封装体正面到背面的电

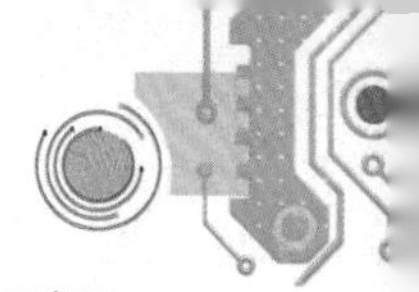

学连接时通过模塑料中的通孔完成。这种技术也实现了三维封装堆叠，可以同时实现垂直的电学和机械的连接。2008 年国际顶级封装会议 ECTC 上研究者创新性地提出了基于 TMV 的叠层封装方式，PoP 相比传统封装具备了以下优点：① I/O 端口数密度高；② 芯片垂直间距小；③ 封装物理尺寸小；④ 相对于 TSV 技术成本低。这些优点让 PoP 一跃成为了电子产品中存储器的首选封装方式，因此可以说 TMV 技术是推动三维叠层封装技术实际应用的动力。

TMV 技术工艺较为简单，具体流程是：① 塑封工艺；② 激光钻孔；③ 电镀；④ 键合和回流焊。

与保证 TSV 工艺可靠性一样，保证 TMV 工艺可靠性需要考虑多种因素，主要包括：

① 塑封材料的选择。由于塑封材料为无机、有机化合物的混合物，多种原料的占比不同。而 TMV 的成形及质量受到模塑料中填充材料的形状、大小和分布的影响。因此，选择合理的模塑料是保证 PoP 成功的前提。

② 激光工艺。激光工艺所带来的热效应会导致孔壁强度降低及填充材料的脱落，使得通孔深度无法达到要求并形成上宽下窄的结构，因此优化激光刻蚀 TMV 工艺是 PoP 成功的关键。

相较于 TSV 结构，TMV 的优点包括：① 支持各种类型的芯片堆叠，也可以用于单芯片封装，兼容性高；② 工艺简单，与普通塑料封装兼容；③ 成本低，无论工艺和材料成本都与塑料封装、PCB 工艺兼容，因此成本都很低。但是 TMV 也有明显的缺点，主要包括：① 通孔精度低，尺寸较低；② 散热难。这些不足仍需要研究者不断完善。

3. 玻璃通孔（Through Glass Via TGV）技术：上述的 TSV 技术和 TMV 技术都存在一定的缺陷，例如 TSV 成本高、硅的衬底损耗很大，TMV 尺寸大、精度低。所以为了满足不同应用的需求，研究者又开发了其他基板的通孔工艺及填充材料，如 TGV。

TGV 技术首次被提出是在 2010 年电子器件和技术的会议上，当时概括它的优势包括：① 工艺稳定性高；② 成本低；③ 衬底损耗低，电磁性能好。特别是 2015 年 5G 毫米波概念兴起后，玻璃由于具有高电阻率和低介电损耗等众多优点引起了众多集成电路公司的关注，TGV 结构在微波等领域的应用

前景也因此被很多公司看好。

TGV 技术的工艺流程主要包括：① 激光玻璃通孔成形；② 溅射 Ti/Cu 等金属作粘附层和种子层；③ 电镀 TGV；④ 化学机械抛光；⑤ 沉积钝化层；⑥ 图形光刻；⑦ 刻蚀钝化层；⑧ 电镀 Ti/Cu 等金属层；⑨ 制备多层布线。

尽管 TGV 技术有这么多优点，但仍存在一些缺点，包括：① 激光工艺导致玻璃孔侧壁不光滑；② 生产效率低，难以大规模生产；③ 电镀成本高；④ 玻璃衬底粘附性差导致再布线层脱落；⑤ 玻璃易碎。因此，目前想要大规模应用 TGV 技术实现三维系统封装仍需进行更进一步的研究。

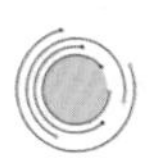

三维封装的特点

相较于平面封装结构，三维封装的优点有很多，包括：① 互连线长度短；② 传输延迟低；③ 信号稳定；④可 以实现异质集成；⑤ 可实现多功能化。根据研究机构评测，相较于平面封装结构，三维封装信号传输速率提升 40% 以上，成本降低了 45%。

虽然基于 TSV 三维系统封装解决了相关互连线过长、功率消耗过大的问题，但其仍需要面对以下问题：① 散热问题与热管理；② 电源供应问题；③ 高频应用时寄生参数干扰；④ 测试方法；⑤ 设计方法、规则和工具；⑥ 系统产生热应力大，易产生裂缝等一系列可靠性问题。

三维封装技术的实际应用

2018 年 4 月，在美国加州 Santa Clara 第 24 届年度研讨会上，中国台湾地区的台积电（TSMC）提出了一种新的三维封装技术——SoIC（System of Integrated Chips）技术，如图 6.4 所示。最初 TSMC 提出 CoWoS 技术，将所有功能放在一块 SoC 芯片上，如图 6.4（a）所示。然后随着特征尺寸无法继续缩小，功能无法继续增加、晶体管数目也无法继续增多。这次 TSMC 提出 SoIC，是将 SoC 拆分成若干多功能的芯片后与晶圆堆叠，但是芯片上互连节距非常小，芯片距离非常近，芯片非常薄，可以类比于一块 SoC 芯片，但是功能更加强大。其中键合的节距可以达到 1 μm 左右，主要采用的是异质键合技术。这种异质键合技术是通过无凸点的金属－介质层混合键合来实现三维堆叠。因此，芯片之间的直接距离就可类比于 1 层介质层和金属互连，这对超薄芯片的堆叠非常有利。

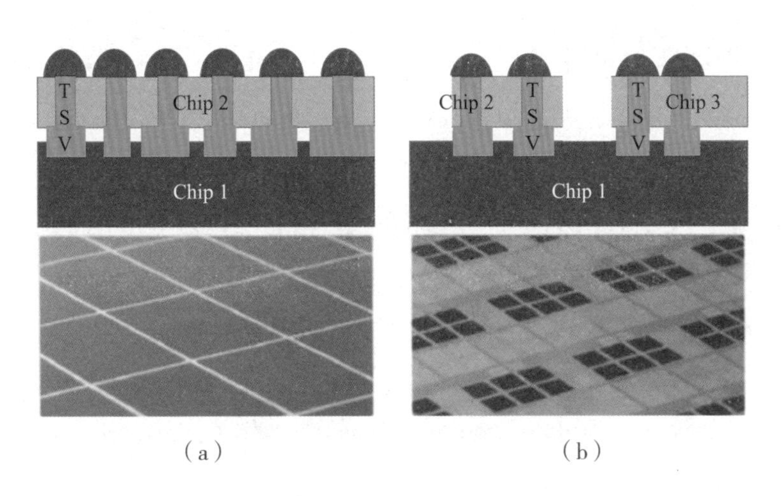

图 6.4　SoIC 封装技术

（a）SoC 与芯片堆叠（CoWoS）；（b）SoC 变成若干个芯片与芯片堆叠（SoIC）。

同样在 2018 年 12 月，Intel 提出了一种逻辑计算芯片的高密度 3D 堆叠封装技术 Foveros，如图 6.5 所示。在此之前 Intel 还提出过 EMIB 技术，采用基板中埋置芯片桥作为两个芯片的中间通信芯片，不能算作完全意义上的三维堆叠。而如图 6.5 所示的 Foveros 技术将计算芯片、存储芯片和有源（包含晶体管）介质层芯片一起堆叠。该技术采用三维封装实现芯片之间逻辑对逻

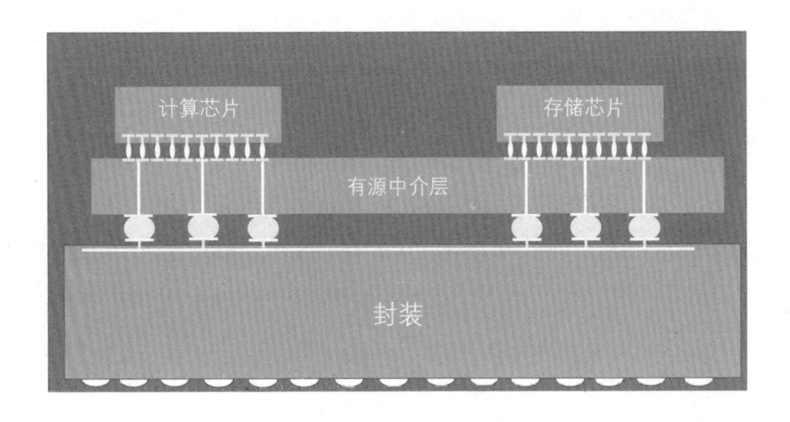

图 6.5　Intel 的 Foveros 三维封装

辑的异质整合，主要特点是在单一基板芯片上将面积更小、功能简单的多个小型芯片进行垂直堆叠，使其能满足电子产品的多样功能需求。

三维封装的未来

总而言之，三维封装的出现解决了摩尔定律无法延续的问题，使得芯片通过封装实现了尺寸更小、功能更多、性能更好、速度更快和耗能更低。此外，由于三维封装的一体化设计，相较于在 PCB 上集成分离化的单个芯片或元器件，实现了成品率高、生产周期短等特点。但三维封装也存在着很多潜在的问题亟待后续继续解决，主要包括：① 三维系统的散热和热管理问题；② 垂直互连密度持续提高的问题；③ 电热磁协同设计问题。希望通过封装科研工作者的不懈努力，可以不断改善三维封装的相关问题，进一步促进三维封装持续发展。

第七章　先进封装技术
——日新月异的“奇装异服”

先进封装是相对于传统封装的封装方法，这相当于芯片的各种“新式衣服”，而这些“衣服”可谓层出不穷、日新月异。在2000年后的相当长一段时间，封装材料和工艺研究者不断推出各种封装形式，其中包括第六章介绍的三维封装，除此之外还包括晶圆级封装、芯粒技术（Chiplet）和微机电系统封装等，这些都相当于芯片的各种“奇装异服”，有着自己典型的特点，下面我们就来逐一介绍。

晶圆级封装（Wafer Level Package，WLP）

随着集成电路工艺发展，集成电路特征尺寸不断减小，芯片尺寸越来越小，互连线密度越来越高，性能越来越强大，但成本也越来越高。因此就需要封装也满足互连密度越来越高的要求，且成本不能提升，从而保证整个电子产品系统的成本不至于太高。

第六章介绍的三维封装技术虽然能够满足互连密度的要求，但是工艺成本很高，而且相当长一段时间内，可靠性还是各大半导体产品厂商担心的关键问题。因此，晶圆级封装在此时应运而生了。

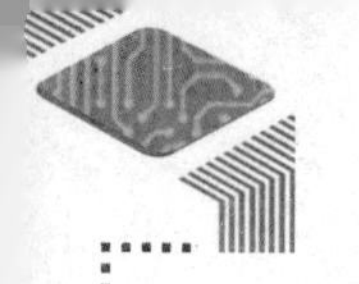

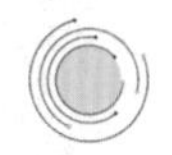

晶圆级封装的基本概念及特点

由于晶圆级封装的来源有两种途径，一个是芯片级封装（CSP），另一个是扇出封装（Fanout），因此，晶圆级封装（Wafer Level Packaging，WLP）的定义也不仅仅只有一种。下面分别进行介绍。

第一种定义。WLP是硅圆片上IC器件的前工序制作完成后，继续利用前道设备和技术处理晶圆上的所有芯片，完成封装步骤，直接在晶圆上进行大多数或是全部的封装测试后，再进行切割制成单颗封装组件。这种定义来自于CSP封装，就是为了实现封装体和芯片尺寸比小于1.2，直接在前道互连制作完成后进行晶圆级封装，具体晶圆上封装步骤包括在制备了晶体管的圆片上进行沉积及刻蚀钝化层（BCB或PI）、沉积布线并进行图形化（再布线工艺）、钝化并刻蚀开窗、制备凸点下金属层、电镀凸点、测试，最后划片出厂。详细工艺介绍会在后面详细展开。

第二种定义。在晶圆载板上，粘附完成了晶体管制作且已经切割的好芯片（Known good die，KGD），再通过一定的方法将芯片表面保护并铺平（模塑料等），完成晶圆级的各种封装工艺步骤，具体与第一种定义相同，只是完成晶圆级封装的衬底材料可能是硅片、玻璃，而直接进行再布线和制作凸点的可能是模塑料，也可能是晶圆，最后再进行封装体切割。

WLP封装以晶圆为最小单元进行封装，直接在晶圆上进行大部分甚至全部的封装、测试、划片步骤。因此封装尺寸小，互连线短带来了较低的互连延迟和较小的寄生。相比于QFN这种CSP封装，WLP的延迟可以小2个数量级、寄生可以小1个数量级。WLP工艺过程与焊球阵列封装（Ball Grid Array，BGA）等传统封装有明显区别，传统封装是先将晶圆划片为一颗颗芯片，然后再进行单颗芯片的封装和测试。

即使是第二种定义，也是在晶圆载片上进行晶圆级别的封装和测试，并不是单颗芯片独自进行。因此WLP封装大大节约了工艺步骤、材料和工艺时间，从而降低了封装成本。此外，由于使用的是前道互连的工艺进行封装，因此互连密度也较传统封装提高很多。

在高密度集成电路中，散热是一个值得关注的问题。晶圆封装的互连线路更短，热量能够更快地扩散到外界，同时金属焊球也能将热量传递到PCB

板，从而加快散热。除此之外，晶圆封装的倒装形式使芯片的背面直接接触空气，加快散热，同时金属层基板和金属散热片也能够进一步提高散热效率。因此，WLP 的散热性能非常好，热可靠性就非常高。

WLP 封装具有以上如此之多的显著优势得益于其不同的分类，下面我们就详细看一看其不同分类、结构及其特点，从而进一步了解 WLP。

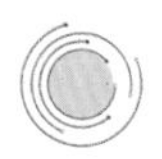

晶圆级封装的分类及结构

由以上定义就可以发现，晶圆级封装可分为扇入型晶圆级封装（Fan-in Wafer Level Package，FI-WLP）和扇出型晶圆级封装（Fan-out Wafer Level Package，FO-WLP）两类，分别如图 7.1（a）和 7.1（b）所示。

扇入型晶圆级封装是指直接在晶圆上进行封装后再进行划片，金属互连线全部都在芯片内部，封装前后尺寸没有改变，具体如图 7.1（a）所示。它主要应用于极需小尺寸的移动电子产品市场，并且占据了芯片尺寸封装市场大部分份额。前面在 CSP 封装章节已经对扇入型晶圆级封装进行了讲解，此处不再赘述。

扇出型晶圆级封装是晶圆重构技术的变形体，它是指先将晶圆切割成芯片，然后根据需求按照一定的间距将芯片重新布置在载板（硅晶圆或玻璃载板）上，再进行晶圆级封装、测试，最后进行封装体切割，具体如图 7.1（b）所示。

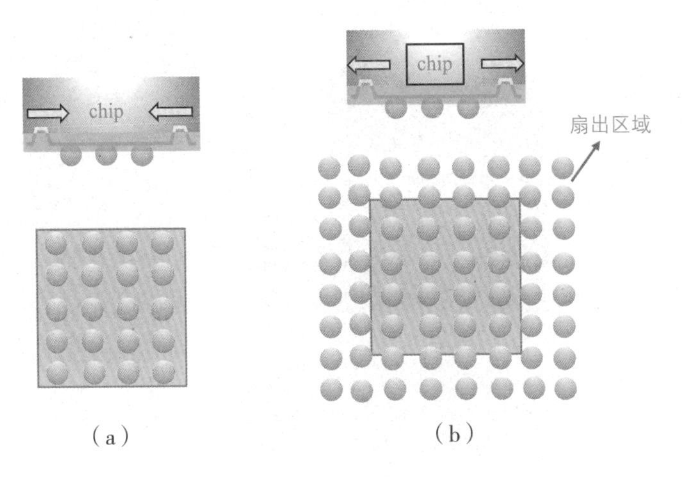

图 7.1　晶圆级封装

（a）扇入型封装；（b）扇出型封装。

扇出型封装的金属互连线和凸点可以分布在芯片内和芯片外，所以它的封装面积一般会大于芯片面积。但是它可以实现更多的 I/O 以及更薄封装，同时还可以实现不同功能多芯片的集成。因此，它除了应用于移动电子产品，更多的是应用于高端电子产品（服务器、超级计算机的 CPU 等）。扇出型晶圆级封装根据工艺可分为芯片先装（Chip-first）和芯片后装（Chip-last），其中 Chip-first 又可分为芯片面朝上（Die-up）和芯片面朝下（Die-down）两种，具体形式如图 7.2 所示。

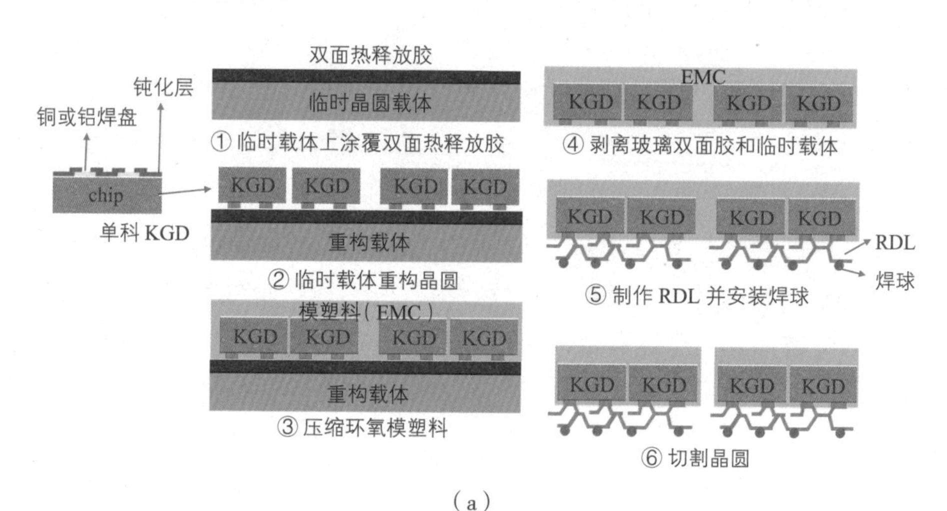

（a）

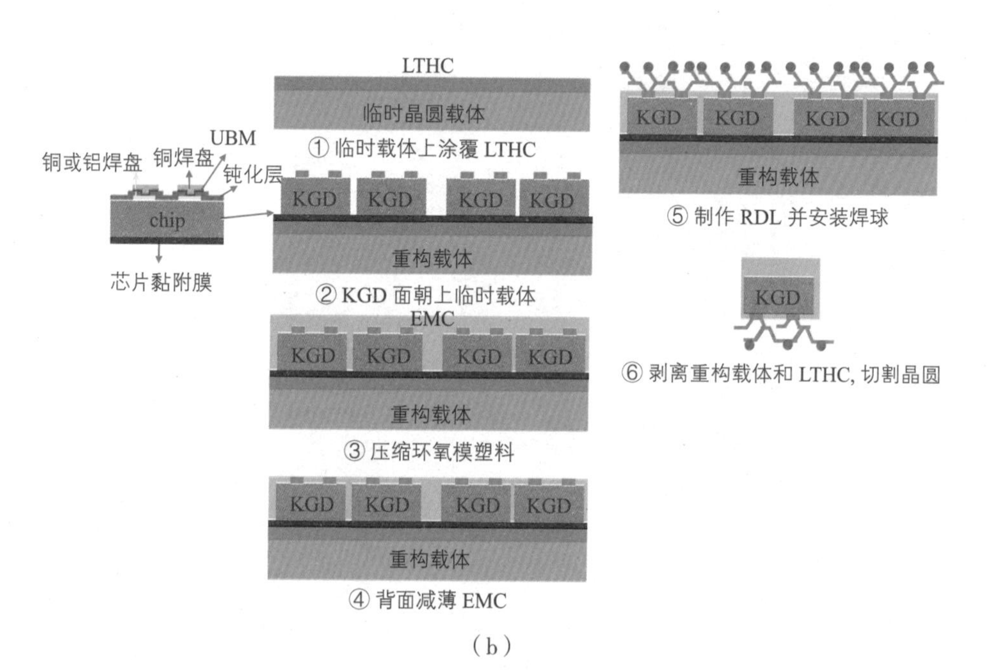

（b）

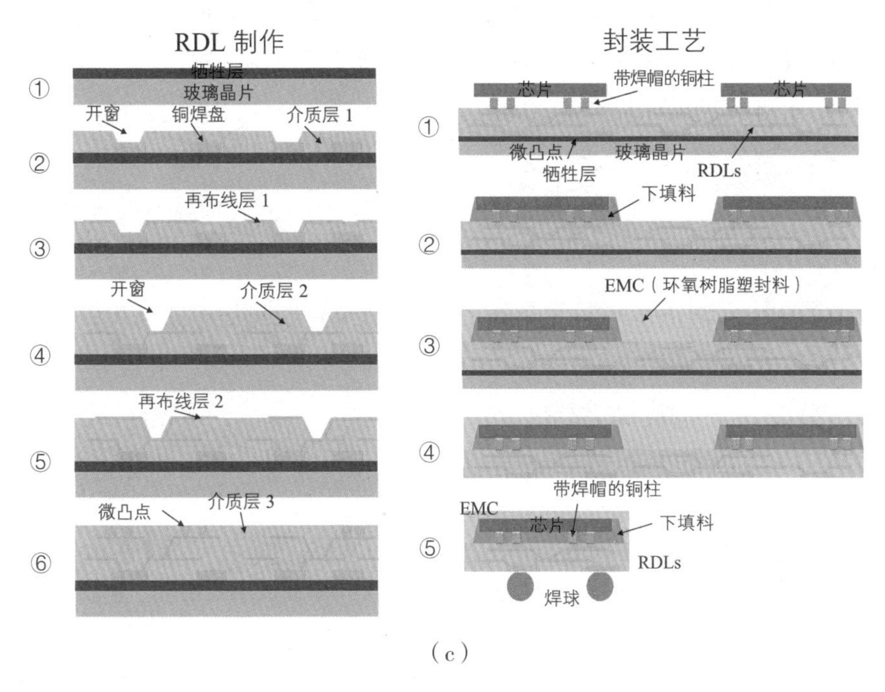

（c）

图 7.2　扇出型封装工艺流程

（a）Chip-first/ die down 流程；（b）Chip-first/ die up 流程；

（c）基于 RDL first 制作（左侧）的 Chip last 工艺（右侧）。

图 7.2（a）展示了 Chip-first / die-down 扇出晶圆级封装的一般流程，首先对测试合格的好芯片（Known good die，KGD）进行切割，并准备好涂覆有双面热剥离胶的临时载板（玻璃或硅片）；然后将 KGD 面朝下粘在重构载板上，在载体上注塑环氧模塑料（Epoxy Molding Compound，EMC）塑封 KGD；接下来剥离临时载板和双面热剥离胶；为 KGD 的铝或铜焊盘的信号、电源和接地构建再布线层（Redistribution Layer，RDL）和焊球；划片。

图 7.2（b）展示了 Chip-first / die up 扇出晶圆级封装的一般流程。首先溅射凸点下金属，并在上面电镀铜焊盘；在晶圆顶部旋涂聚合物、底部旋涂芯片附着膜，对器件晶圆进行测试并切割成单独的 KGD；在临时玻璃晶圆载体上覆盖光热转换层（light-to-heat-conversion，LTHC），将 KGD 面朝上放置于 LTHC 重构载体上；在载体上压缩环氧模塑料固定 KGD，背磨 EMC 露出铜接触焊盘，在焊盘上构建重布线层和焊球；激光剥离临时载板并切割成单个芯片。

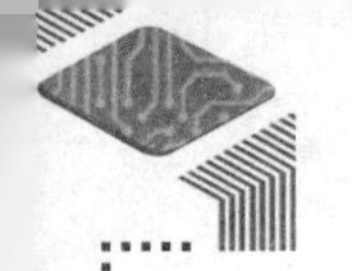

图 7.2（c）展示了 Chip-last 扇出晶圆级封装的一般流程，也叫 RDL first 扇出晶圆级封装。即在晶圆上先制作金属再布线层，然后进行晶圆封装的其他步骤。如图 7.2（c）左侧是 RDL 具体制作步骤：在临时载板上旋涂一层牺牲层；然后制作铜焊盘和介电层 DL1（Dielectric Layer，DL），并在介电层上制作开口，接着通过溅射 / 电镀制作铜金属层 RDL1，重复以上过程制造其他层 RDL 层。

随后再制作 RDL，在器件晶圆上制作晶圆焊盘凸块。接下来是 Chip last 的其余流程，如图 7.2（c）右侧所示，在 KGD 上添加助焊剂并面朝下放置在载板的焊盘凸块上与晶圆进行键合；然后在芯片底部填充下填料，并用 EMC 塑封包裹、固定芯片；随后再剥离临时载板和牺牲层，最后制作焊球并切割成单个封装体。

晶圆级封装的关键工艺

晶圆级封装工艺的关键在于：金属再布线 RDL 的制作以及晶圆切割。金属再布线是对封装成品率影响最大的工艺，并且布线设备非常昂贵，对生产成本影响很大。在晶圆完成封装之后，晶圆的划片过程也极为关键，划片过程中的碎屑或者裂纹会大大影响芯片的良率。因此，下面将对这两个关键工艺进行着重讲解。

1. RDLs 制作：金属再布线层（RDL）是晶圆级封装中最不可或缺的一环。每层 RDL 都由一层介电层和一层铜金属导电层组成。目前制作 RDL 方法有多种，本节根据所能制备线宽线距的大小，介绍有机 RDL 和无机 RDL 层两种方法，其中无机 RDL 制备的线宽线距比较小。

（1）有机 RDLs：有机 RDLs 中，其介电层由聚酰亚胺（Polyimide，PI）、苯丙环丁烯（Benzocyclobutene，BCB）或聚苯并双恶唑（PBO）等聚合物制作，金属层由电化学沉积（Electrochemical deposition，ECD）铜和蚀刻完成，RDL 的金属线宽和间距最小可达 5 μm。

关键工艺步骤是：首先在整个晶圆上旋涂聚合物光刻胶，然后前烘（一般在温度 75℃左右），并通过光刻机曝光，特殊显影液漂洗后形成聚合物开口；接下来是通过物理气相沉积（Physical Vapor Deposition，PVD）沉积粘附

层 / 种子层，即钛 / 铜（Ti / Cu），然后旋涂光刻胶曝光得到金属层图形，并电镀铜制备铜布线层，最后去除光刻胶，蚀刻掉 Ti/Cu。这就是完整制作一层 RDL 的步骤，重复上述步骤，就可以得到多层 RDL。

（2）无机多层 RDLs：此种方法制作 RDL 时，介电层是 SiO_2 或者 SiN 等无机物，金属层是通过 ECD 在整个晶圆上沉积铜。无机 RDL 的金属线宽线距可小于 2 μm 甚至亚微米，主要应用于高性能芯片的晶圆级封装。制备无机 RDL 层关键工艺步骤是首先采用 PECVD 在晶圆上形成无机物薄膜，然后旋涂光刻胶，接下来通过光刻胶形成图形，再通过反应离子刻蚀（Reactive Ion Etching，RIE）去除 SiO_2，去除光刻胶、溅射 Ti / Cu，并沉积 Cu，随后 CMP（Chemical Mechanical Polishing，CMP）去除多余的铜、粘附层 / 种子层 Ti / Cu，这样就制作好了 RDL1 和 V01（连接晶圆和 RDL 的通孔），重复上述步骤将获得多层 RDL。

2. 晶圆分割：晶圆级封装的另一个关键工艺就是晶圆分割（singulation），最常见的是机械切割（mechanical saw）和激光切割（laser skiving）。机械切割会在侧壁上产生细小的裂纹从而造成机械损坏，裂纹传播到晶圆中则会导致器件发生故障。扇出型封装中，模具聚合物能够防止裂纹的进一步传播，但是裂纹仍然存在。激光切割是通过在晶圆的划片槽上施加高能量的激光切割晶圆，这样可以减少裂纹，但是晶圆厚度为 100 μm 以上时，生产率非常低。因此，通常激光切割包括激光隐形切割和背部裂片，激光隐形切割是先在晶圆的内部施加激光切割，背部裂片是对激光切割后的晶圆背面的蓝膜施加外力，使晶圆拉断。在背面施加压力过程中，蓝膜拉伸晶圆向上隆起，瞬间受力分裂开。此种方法最大的优点就是没有碎屑、切口窄且裂纹现象明显减少，明显比机械切割的芯片良率高。

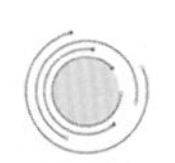

晶圆级封装的发展

现代电子产品的小型化、低成本化需求是晶圆级封装技术的强大推动力。目前，晶圆级封装已经通过了 JEDEC 的可靠性标准，I / O 数目超过了 400，而且还可以实现更多的 I / O 数目不受限制。但是随着晶圆尺寸的变大、工艺的换代，对晶圆级封装提出了更高的要求：能够应用于直径为 300 mm

晶圆且适合铜布线和低介电常数的层间介质的晶圆级封装工艺，特别是如此大晶圆上进行再布线时保证均匀电镀电流，以及封装后良好散热。

对于扇入型晶圆级封装技术，其发展至今被成功应用于手持设备和平板电脑市场，并在移动设备领域保持稳定增长。在高端智能机市场，30% 的封装元器件都采用扇入式晶圆级封装。但是全球半导体市场的转变、工艺技术不断进步、电子产品不断更新换代带来的不确定性因素，都影响到扇入型晶圆级封装的未来。例如，2020 年全球智能手机的出货量下降了 8%，从而导致扇入型封装技术占有率下降。目前扇入型封装主要应用于 Wi-Fi/Bluetooth 集成组件、电源电路和 DC/CD 转换器、MEMS 和图像传感器内的数模信号混合芯片封装。扇入型晶圆级封装主要问题是 I/O 端口数目受限和无法实现多功能，因此未来面临的挑战可能是如何实现三维方向上的堆叠，从而提高系统中 I/O 端口数目和器件功能。

扇出型晶圆级封装是在芯片外部制作金属互连线，相对而言成本更低，不需要载板材料，所以节省了 30% 成本且封装厚度更薄。因此，全球各主要封装厂为了满足中低端智能机市场的需求，积极扩充扇出型封装的产能。扇出型封装的应用主要在以下两个领域：基带、电源电路及射频收发器等单芯片；处理器、存储器这类大数据量的元器件。

芯粒技术（Chiplets）

随着芯片制造技术的进步，制程从 10 nm 到 7 nm，再到 5 nm，特征尺寸已经接近物理极限，摩尔定律面临逐渐失效的危险。为了延续摩尔定律，半导体行业提出了芯粒技术（Chiplets）解决了当前难题。这项技术主要是重用不同工艺节点的 SoC 芯片，实现比更小工艺节点更好的性能，例如 2 nm 的 SoC 无法实现，成本和性能都无法满足应用需求，可以采用若干个 5 nm 的 SoC 实现 2 nm SoC 的性能，也会大大降低成本。下面就认识一下这项技术。

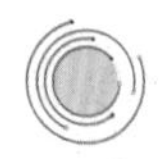

Chiplets 封装的基本概念及特点

Chiplets 是指将多个具有单一功能的“芯粒”，通过基板（转接板）、先

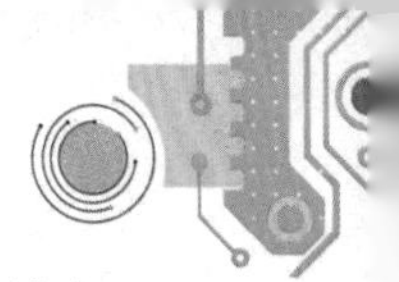

进封装技术集成在一起，成为一个完整的具有各种功能的系统，这个系统相当于更小技术节点的 SoC 芯片。未来 Chiplets 的定义还有很多解释方式，例如将一个复杂的系统拆分成若干个小系统，再采用基板和窄节距凸点技术将这些小系统重新集成，达到甚至比大系统更好的性能。Chiplets 的关键就是拆分、重组、性能提升。

Chiplets 的典型案例就是在硅转接板上集成多个小芯片的三维系统，其具有的明显特点就是提升内存、降低成本、缩小尺寸。提升内存的典型案例就是内存 Chiplets 技术，具体方法是将高带宽内存（High Bandwidth Memory，HBM）堆叠到无源硅转接板上，并使用标准化的逻辑和物理内存接口，芯片间键合是通过 55 μm 节距的微凸块实现的。HBM Chiplets 技术可实现高达 8 GBytes 的大内存容量，高达 256 GBytes/s 的大带宽，同时大大降低了功耗。因此，HBM 存储器广泛用于图形处理单元（GPU）和现场可编程门阵列（FPGA）设备，及其他具有大量内存需求的大规模并行计算架构。成本的优势体现在将单个大芯片划分为多个较小的芯片，可降低制备单个大芯片的成本；且在晶圆划片分选之后，堆叠已知良好芯片（KGD）可降低最终系统测试成本。尺寸的优势在于基于三维堆叠技术制作 Chiplets 可进一步缩小封装尺寸。

除此之外，Chiplets 无需将所有功能集成在同一个 CMOS 技术节点制备的大芯片中，可以只用适当的技术对相应的模块进行设计、重组、封测。图 7.3 展示了麒麟 990 芯片设计构架，它是一颗集成了 CPU、GPU、NPU、ISP、DSP 等多核的大芯片，并进行了统一封装，为了实现这个功能只能采用特征尺寸非常小的技术节点制备非常大的芯片。如果使用 Chiplet，则可以将各个核心制成小芯片，然后重新组装、互连及封装。这可以大大降低芯片设计的复杂度和成本。此外，Chiplets 还可以将不同模块的工艺进行调整，CPU、GPU 对性能要求高则使用 5 nm 工艺，DSP、ISP 性能要求较低，可使用 10 nm 工艺。这样大大降低了制造的成本和时间、提高了产品良率，Chiplet 还有利于功能区域划分、实现异质集成等。

Chiplets 虽然有以上诸多优点，但是也面临很多的挑战。因为除了完成与外部封装体的电气互连和机械连接，还要支持多芯片封装中不同芯片的多种接口技术。多芯片封装中，由于芯片间接口不同，选择合适的芯片互连技

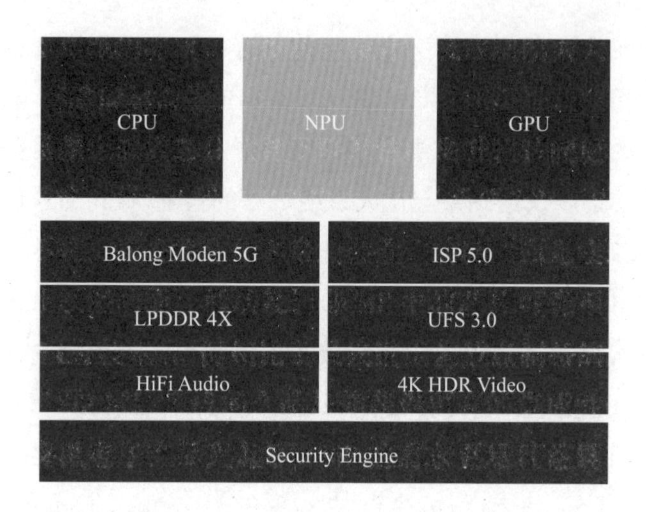

图 7.3　麒麟 990 芯片的结构示意图

术非常关键；不合适的封装技术会限制信号线数量和空间，也会导致更大的封装尺寸。此外，Chiplets 的设计工具还不完善，只能采用其他软件进行二次开发。Chiplets 中多芯片的接口标准也没有统一，很难快速投入生产。不过，2022 年 3 月 2 日，半导体行业十大巨头 ASE、AMD、ARM、Google 云、Intel、Meta（Facebook）、微软、高通、三星、台积电联合宣布，成立行业联盟，共同打造 Chiplet 互连标准、推进开放生态，并制定了标准规范“UCIe”。UCIe 标准的全称为“Universal Chiplet Interconnect Express”，但很可惜的是我国的企业未能进入行业联盟。

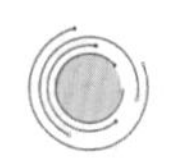

Chiplet 封装的分类

Chiplet 封装主要分为无源转接板和有源转接板两大类。

1. 无源转接板：无源转接板被用于路由 / 通信 / 下一代服务器 / 高性能应用的宽 I/O 接口。其中，存储器、ASIC 芯片、CPU 等 I/O 数量在几百及以上的芯片均采用无源转接板来实现 Chiplets，基板与芯片的通信是通过基板上 TSV、RDL 和凸点进行互连的。

图 7.4（a）展示了基于无源转接板的 2.5D IC 封装技术制备 TSV/RDL 流程。首先是在硅片上沉积绝缘层，再制作 TSV、RDL 并进行绝缘层开口。然后制备 UBM，再将 TSV 顶部临时键合到载体 #1；继续对硅背面进行减薄、

蚀刻并钝化、开窗露出 TSV 底部，再进行 UBM 及凸点制备，随后 TSV 底部与载体 #2 临时键合。接下来剥离载体 #1，进行晶圆和芯片间的键合，然后剥离载体 #2，并将 TSV 晶园切割成单独的 TSV 模块；最后，TSV 模块组装在封装基板上进行测试。

图 7.4（b）展示了 Xilinx 公司研发的基于硅无源转接板的 FPGA 封装，转接板上面包含 4 片 28 nm 工艺节点制备的 FPGA 芯片，其安装面积为 $25 \times 31\ mm^2$、厚度为 100 μm，并且转接板上具有数千个节距为 45 μm 的微凸点。TSV 转接板组装在尺寸为 35 mm × 35 mm、含节距为 180 μm 的 C4 微凸点的 PCB 上。其具体工艺流程为：首先通过深硅刻蚀、电化学沉积等工艺形成 TSV，然后用 CMP 去除表面多余铜。再用后端晶圆厂工艺在转接板表面制作互连线，随后在转接板顶面沉积钝化层，并形成微凸块的 UBM。接下来转接板晶圆背部被减薄，从底部暴露 TSV，然后进行钝化和制备背部 UBM，在背部 UBM 层顶部制备 C4 微凸点，回流焊在晶圆背部后与 UBM 形成焊球。同时，FPGA 晶圆上制备铜柱凸点技术，凸点间距为 30~60 μm。随后 FPGA 管芯被切割，并通过凸点连接到转接板的顶部焊盘。转接板和 FPGA 管芯之间的间隙使用下填充料进行填充，以保护铜柱凸点连接，达到所需强度。最后使用标准 C4 倒装芯片连接工艺流程，将互连组件（FPGA+ 转接板）连接到封装基板上。

2. 有源转接板：有源转接板，即转接板是带有 TSV 结构的 CPU/logic 或 SoC 芯片，将其他芯片连接在有机基板上。实际应用于带 TSV 的低功耗、宽带存储器中，通常具有数千个 I/O 接口。三星等公司已经制造并发布了带有有源转接板的应用于智能手机等领域的产品。

转接板中加入有源电路，则成为完整电路，使芯片更加系统化，且在转接板上使用片上网络（Network on chip: NoC），可以获得分层 NoC，能够实施任意两芯片间的通信，有利于实现可扩展缓存一致性协议。并且，随着 3D 互连间距不断减小，通信带宽和密度增加，系统级通信容量将会进一步提升。有源转接板还可以集成电源管理功能，目标是提供尽可能接近小芯片所需的功率。这可以减少电压降和转换器的反应时间，并提高能源效率。

有源转接板制作流程与无源转接板基本一致，这里不再详细说明，只是因为基板上存在有源电路，所以需要考虑采用 Via-first，Via-middle 和 Via-last

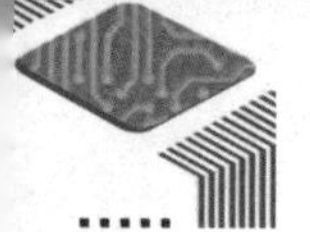

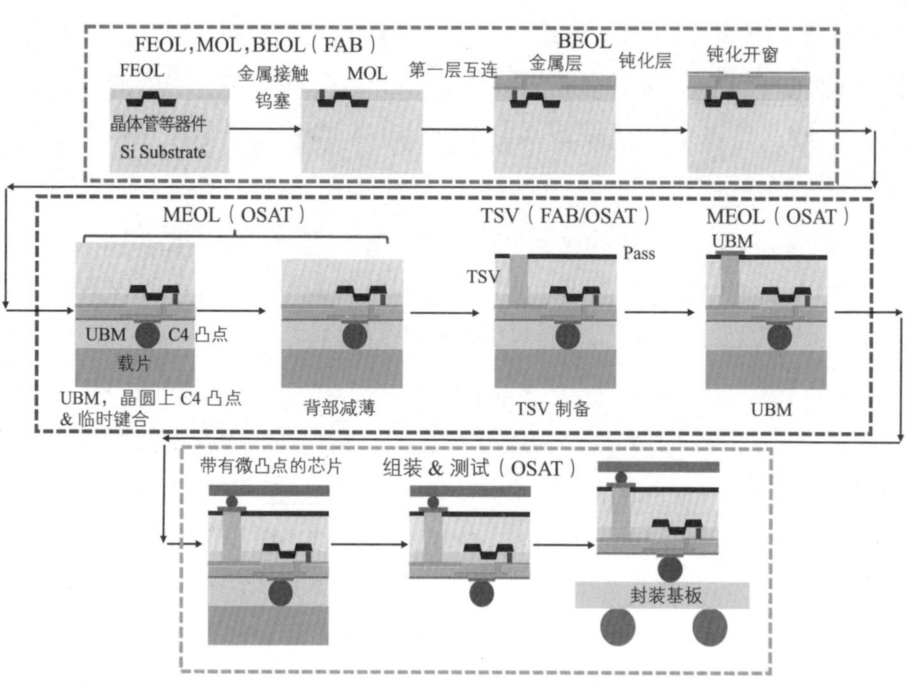

(a)

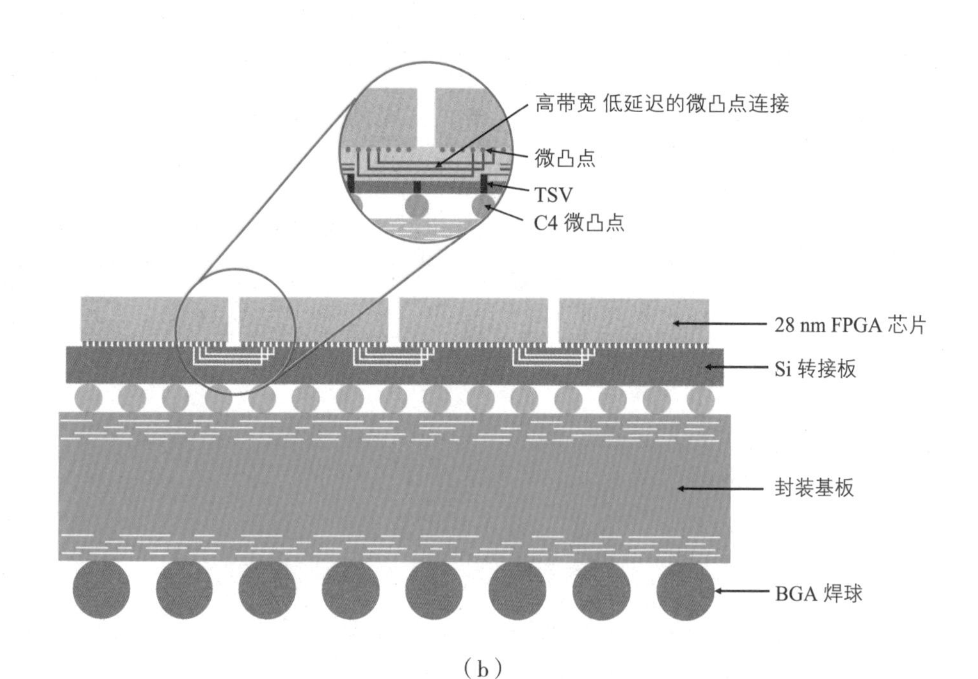

(b)

图 7.4 TSV/RDL 无源转接板

(a)工艺流程;(b)典型 Xilinx 的 FPGA。

哪种工艺流程。图 7.5 是 INTACT 公司提出的基于有源转接板的 6 颗芯片集成系统，每颗小芯片采用 28 nm 完全耗尽绝缘体上硅（fully depleted silicon-on-insulator，FDSOI）工艺制造，每颗小芯片含有 16 个内核，总共含有 96 个内核。小芯片通过超细节距（20 μm）微铜柱面对面堆叠在面积为 200 mm^2 的 65 nm CMOS 工艺制备有源转接板上。有源转接板上总共使用了 150000 个铜柱来连接包括电源在内的 6 颗小芯片。转接板厚度为 100 μm，包含 14000 个直径为 10 μm 的硅通孔（TSV）。该 6 芯片集成系统的封装顺序为：有源转接板首先通过标准质量回流焊工艺组装在层压基板上，并利用毛细力填充下填料加强凸点强度；然后通过热压键合将六个厚度为 600 μm 的小芯片堆叠在转接板正面，并填充了下调料；小芯片堆叠采用的是节距为 20 μm 微凸点，每颗小芯片都实现了精确对准；其中，BGA 的基板面积是 40×40 mm^2、基板上共有 10 层布线，BGA 基板背面互连焊球有 1521 个，焊球节距为 1 mm，这是典型的倒装芯片热增强型球栅阵列封装。

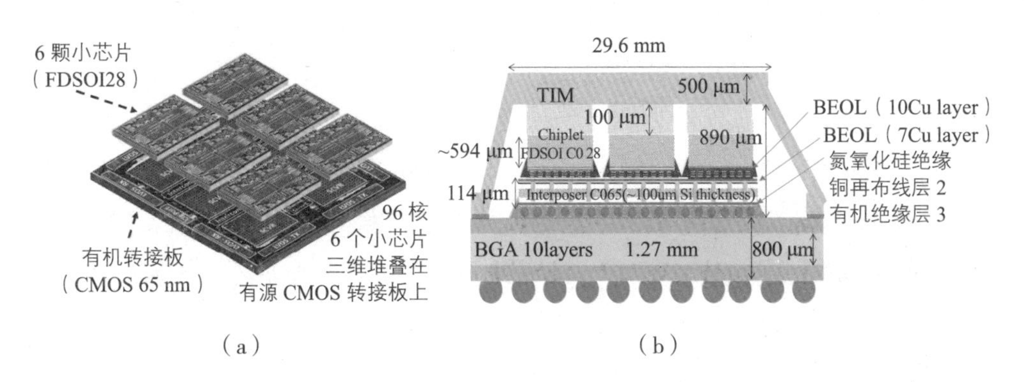

图 7.5　Chiplets 集成系统

（a）集成设计图;（b）截面图。

不管是无源转接板还是有源转接板，TSV 制作都是关键，在第六章的三维封装已经详细介绍了 TSV 的工艺流程，所以这里不再重复介绍。了解了 Chiplet 技术的起源、分类，那么未来 Chiplets 的发展方向就尤为重要了。

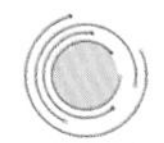

Chiplets 的发展

2017 年，美国国防部高级研究计划局（DARPA）在“电子复兴计划”

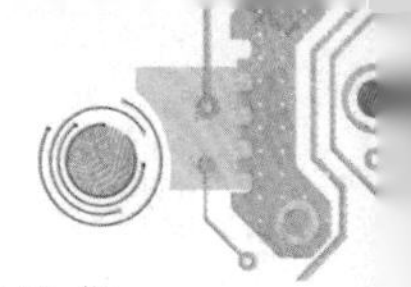

中规划了"通用异构集成和IP重用战略"（CHIPS）"项目，专门联合了各大芯片及EDA厂商，试图解决Chiplet技术实现过程中可能遇到的各种问题，包括高速互连、封装、可靠性控制、全流程EDA支持等。近年来，各大芯片设计厂商也都推出了自己的Chiplet处理器系统，并在这一领域取得了重大进展。为了在性能、功耗和成本之间取得平衡，打破摩尔定律的限制，AMD于2017年开始发布基于Chiplet技术的系列商用处理器系统EPYC，并取得了巨大成功。Intel同样发布了基于Chiplet技术的Stratix 10系统，Stratix 10系统是一个FPGA芯片，周围包含4个高速收发器Chiplet和2个高带宽存储器Chiplet。这6个Chiplet，是来自三个不同芯片制造厂的6个不同工艺Chiplet，整个系统采用2.5D封装技术EMIB进行封装。其他的大型IC设计公司，如Xlinix、Marvell、海思等实际上都已经推出自己的Chiplet设计。

但是值得注意的是，这些系统中所有的Chiplet、基板、基板互连及封装都是由同一公司全定制完成的（即Chiplet全定制方案），采用的也是自顶向下的设计思路，先进行架构划分，再分别进行不同Chiplet的片内设计，然后进行片间互连协议和封装的全定制设计。无法实现来自于各大制造厂商直接提供的Chiplets进行封装，因为缺乏统一的接口标准，也不能实现IP共享。但是2022年，UCIe标准出现了，未来Chiplets一定会向不同厂商提供的Chiplets集成及多材料Chiplets异质集成方向发展，因此针对不同厂商的Chiplets集成的设计工具、互连方法以及测试方法是未来Chiplets技术发展主要方向。目前，世界各国的各大公司都在抢占Chiplets市场，这对于我国的芯片及封测行业也是一个非常好的机会，降低中小型芯片企业的行业门槛，努力促进各水平企业相互合作，布局Chiplets自主知识产权和技术是缩小我国与国际顶级水平差距的关键。

微机电系统封装

前面讲解的都是IC芯片的主要封装形式，但是微电子领域还有非常重要的微机电系统（Micro-Electro-Mechanical System，MEMS），虽然其源于IC芯片，但是两者差异还是非常大的。下面就通过其概念、特点和分类等来认识一下MEMS及其封装。

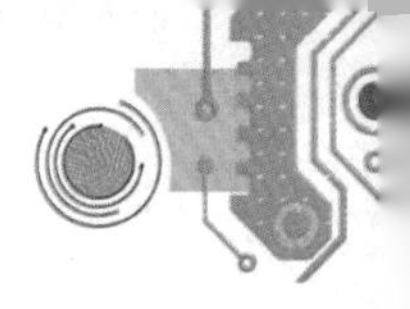

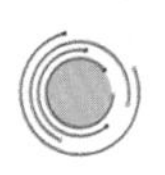

MEMS 的基本概念及特点

MEMS 是集成微传感器、微执行器、控制器（电源及信号处理电路芯片）于一体的独立智能系统，整个系统的尺寸在毫米级甚至更小。MEMS 的应用非常广泛，如：手机里面的图像传感器、加速器、陀螺仪等，汽车电子的气体传感器、速度传感器等，医疗电子的内窥镜、人工耳蜗等，可穿戴设备（手环等）的压力传感器、温度传感器等。相比传统传感器，MEMS 系统具有体积小、重量轻、功耗低、成本低、性能好、功能多等特点。因此，MEMS 将 IC 工艺和微机械加工技术很好地融为一体，因此，MEMS 工艺虽然源于 IC 工艺（光刻、薄膜沉积、刻蚀、化学机械抛光等），但是更加复杂。IC 芯片只是在芯片表面进行晶体管等器件的制作，而 MEMS 是一个复杂的封装系统。因此，IC 封装最重要的作用是为信号提供高密度的可靠连接，保护等作用次之；而 MEMS 需要在各种环境下工作，因此封装的重要作用是完成电信号连接之外，还需要为长期在外部环境下工作的微传感器、微执行器提供稳定且合适的保护。例如：在轻度破坏性环境下，一层均匀薄膜（通常为聚对二甲苯）就可以有效保护器件；但在浓酸、浓碱环境下，则需要用到碳化硅做保护层。此外，IC 封装使用的是标准硅片，直径和厚度有标准规格；但是，MEMS 系统为了形成各种复杂的微执行器，通常采用可能会超出 IC 硅片厚度的键合硅片。以上都导致 MEMS 工艺比 IC 工艺更加复杂，但却没有 IC 工艺洁净度要求那么高。而且封装对 MEMS 的作用更大，封测成本占据 MEMS 的总成本的 20%~40%，部分 MEMS 的封装成本甚至更高，因为很多 MEMS 封装都是“一事一议”，定制式封装。进一步认识 MEMS 封装种类可以帮助我们认识 MEMS。

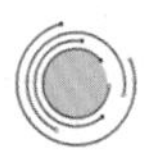

MEMS 封装的分类及形式

MEMS 封装的分类方法很多，这是因为 MEMS 本身就有很多种类。前面几章介绍的 IC 封装例如 QFP、DIP、BGA、CSP、3D 封装等都可以应用于 MEMS 封装，但是由于 MEMS 的形式五花八门，而且有些还带有可动元器

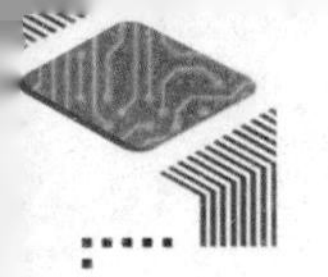

件。这就导致 MEMS 封装除了 IC 封装形式，还有自己独特之处，例如真空封装等。本节简单总结标准的封装形式和封装分类供大家初步了解 MEMS 封装，并给出一种典型的 CMOS 图像传感器的三维封装实例。

1. MEMS 的标准封装技术分类：MEMS 封装的作用也包括机械和电学连接，因此也需要实现机械和电学连接的标准封装技术。第一，实现芯片和芯片之间的封装技术，包括引线键合、倒装焊、硅通孔技术。其中倒装焊一般多采用金螺柱凸点（stud bump）、AuSn 凸点和共晶焊球等，这是因为 Au 凸点有抗氧化性强、导电性好等优势，目前可以实现的凸点最小尺寸为 50 μm 节距、20 μm 直径。第二，为 MEMS 提供电学界面、机械界面和热界面的基板技术。基板要求热膨胀系数低、高温稳定性好、导热好、高频损耗小，因此在光学 MEMS 中多采用 Al_2O_3 和 AlN 陶瓷基板，而控制器芯片多采用硅基板，其他还需要根据实际应用选择相对应的基板。第三，为 MEMS 传感器等器件提供保护的外壳技术（Housing）。外管壳需要为 MEMS 提供电学引出、热管理、电磁保护、机械保护等。常见的传统 MEMS 外壳包括 TO 封装外壳、蝴蝶状外壳，还有为了增加密封性，采用金属和陶瓷外壳；为了创造透光性，采用玻璃外壳等。外壳设计、选择及制备技术也是 MEMS 非常重要的环节。

2. MEMS 的封装方法分类：MEMS 封装的方法主要包括三大类，第一类 MEMS 封装方法与单芯片 IC 封装方法一样，如 TO、DIP、QFP、BGA 封装等，也包括表面插装和表面贴装，这些方法都在前面讲过了，这里就不赘述了。第二类方法是将传感器、执行器、控制器都一起集成在一个晶圆上，具体封装结构包括晶圆级封装、三维封装，例如图 7.6（a）所示的血氧仪，其中包括深硅刻蚀硅制备孔的硅基板、玻璃盖板、光电二极管、LED 灯、完成电学连接的引线键合。第三类方法是将执行器和控制器集成在 ASIC 专用集成电路芯片上，然后与传感器进行组装。这种方法的封装具体结构形式包括 MCM 封装和三维封装的方式。图 7.6（b）所示是 ASIC 芯片与盖帽的一般封装方式和三维封装方式，其中左侧是一般封装方式，MEMS 器件是通过引线键合连接到 ASIC 芯片、盖板通过凸点键合连接到 ASIC 芯片、ASIC 芯片通过引线键合连接到基板。右侧是三维封装方式，MEMS 器件可以通过倒装焊的焊球集成在 ASIC 芯片上，其中 MEMS 器件上可以有 TSV，也可以没有 TSV，如果有 TSV 可以实现 MEMS 器件的三维堆叠。盖板通过凸点键合连接

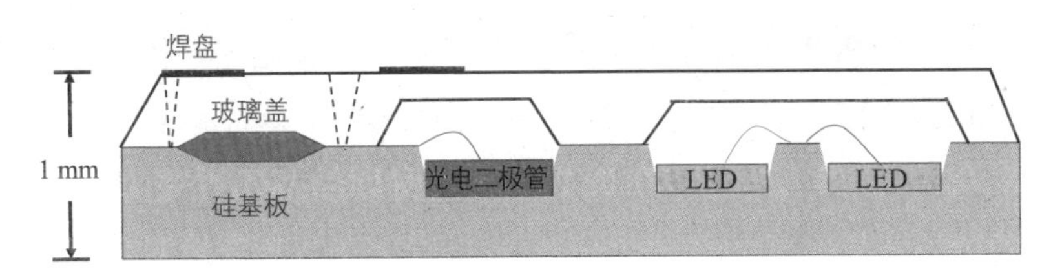

（a）

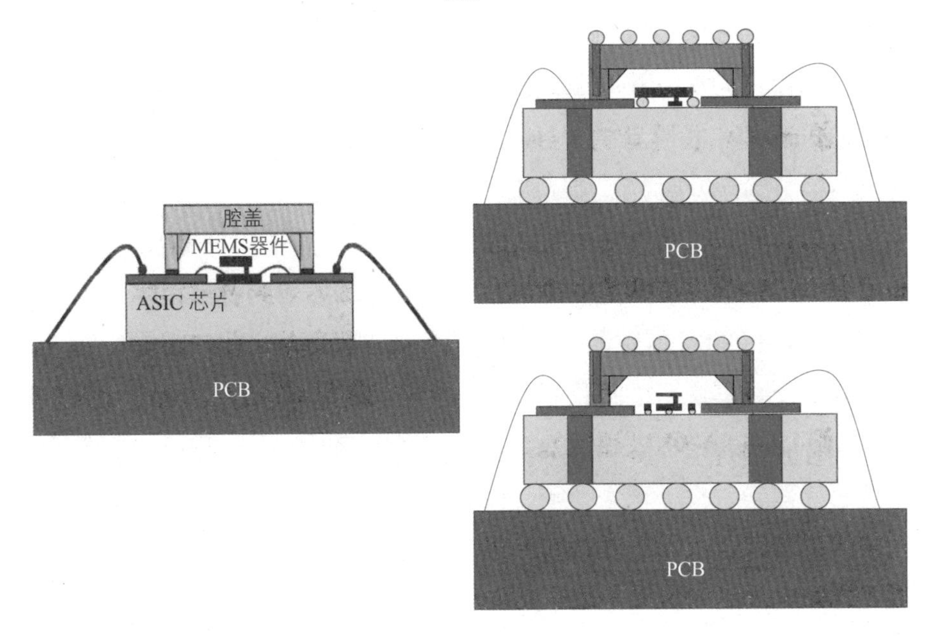

（b）

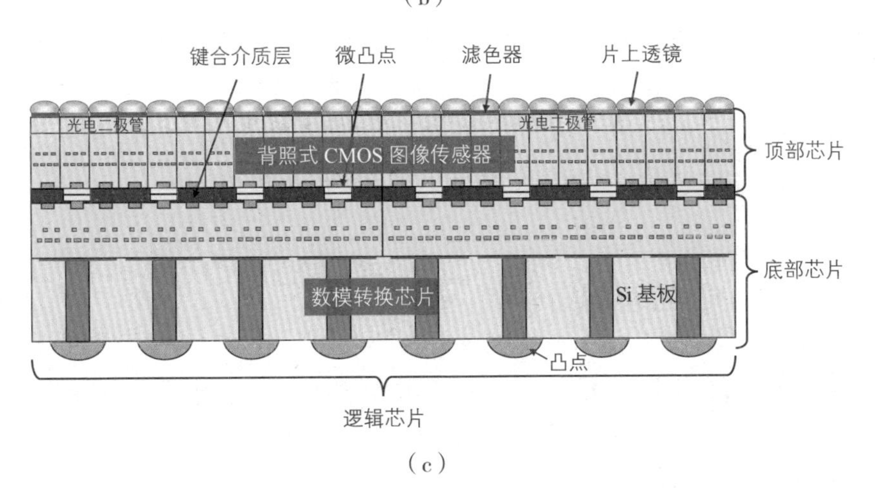

（c）

图 7.6　MEMS 封装的几种类型

（a）基于玻璃孔的植入式电馈通血氧仪；（b）MEMS 与 ASIC 芯片的集成模型；（c）3D 封装的实例。

到ASIC芯片，而盖板上也有TSV，可以实现多个盖板的堆叠，主要应用在微透镜MEMS，可以制作微透镜的堆叠。而ASIC上也带有TSV，通过凸点与基板键合。因此这种三维集成的MEMS封装可以大大缩小尺寸、提高集成数目。

当然除了以上分类，MEMS的分类还有很多方法，比如按照MEMS中传感器种类分，包括光学MEMS的封装、力学MEMS封装、声学MEMS封装、温度测试MEMS封装、化学MEMS封装等；也可以根据执行器种类分，包括运动MEMS封装、能量MEMS封装、信息MEMS封装等。根据基板和外壳的材料又可以分为陶瓷封装、金属封装和塑料封装MEMS。这里就不继续展开，如果读者感兴趣，可以根据这些分类找到对应的书籍和参考文献。

3. MEMS封装的实例——CMOS图像传感器：为了让读者更加清晰地了解一款MEMS的实际样子，我们将索尼ISX014的三维CMOS图像传感器（CIS）做一个简单说明，其截面图如图7.6（c）所示。这是一款背部感光的CIS，图中可以看出顶层芯片是感光的传感器，最顶层是微透镜，下面是红绿蓝三色感光薄膜，接下来是光电二极管，再下面就是互连布线。而底层芯片是数模转换芯片，上面是CMOS工艺制备薄膜晶体管和互连层，然后互连层通过异质集成技术与顶层传感器芯片连接，再通过TSV与底部芯片背部的焊球连接，从而实现两个芯片的三维堆叠。CIS是三维封装技术在MEMS领域最先应用的，不仅极大地提高了CIS的互连数目，缩小了CIS的封装体尺寸，提高了封装密度，从而极大地提高了CIS像素，目前可到1200万像素。从而CIS逐渐取代了电荷耦合器件（Charge Coupled Device，CCD）相机的市场。可见，先进封装技术给我们的生活带来了多么大的改变。

MEMS封装的可靠性问题

MEMS器件工作环境复杂、加工和设计都是根据特定需求进行的，所以可靠性是一个非常重要的问题，需要在设计时着重考虑。MEMS封装过程中的可靠性问题主要有以下几点：

1. 粘附失效：MEMS中两个表面接触后会发生微米级别的粘附，例如悬臂梁和基底间的毛细作用、静电吸附都会造成悬臂梁薄膜与基底粘在一起，

无法通过悬臂梁的上下移动测试压力等，这就是粘附失效。

2. 分层失效：MEMS 常使用键合方法实现多层芯片的连接，但是不管是同种材料键合还是不同种材料键合都会发生分层从而导致结构失效。

3. 应力失效：不同材料的热膨胀系数是不同的，在连续的工艺中会有很多加热过程，这些加热过程会使得不同材料产生热失配，导致较大的热应力，当超过材料屈服强度或者界面键合强度，就会发生失效。因此 MEMS 封装应尽量选择热膨胀系数接近的材料。

4. 气密性失效：气密性是维持真空 MEMS 等器件性能及可靠性的关键，封装必须具有严格的气密性以防止外界湿气、空气、有机气体等影响其正常工作。为了解决此问题，首先，需要不断提高封装的气密性，例如优化陶瓷和金属封装方法，如材料选择、键合工艺优化等。其次，减少环境散发的水汽和有机物，因为封装体中的每种材料都会吸附一定的水汽或者有机气体。解决办法是在封装前真空除湿，并选用相应的吸附剂除气。

此外，某些后续封装工艺如划片，也会对 MEMS 结构中的机械结构、悬臂梁膜产生强烈震动的影响，甚至可能破坏其脆弱结构。因此，MEMS 设计和制造过程需要考虑为这些敏感元件提供机械保护、应力防护、清洁度防护等。

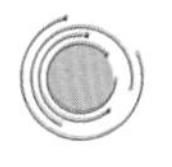

MEMS 的应用与发展

MEMS 未来会越来越复杂，集成功能会越来越多，因此 MEMS 封装难度也会越来越大，不断发展 MEMS 封装技术，特别是不断借鉴 IC 封装是未来发展的必然。下面从几个应用层面分别介绍 MEMS 的发展。

现在消费电子行业产值如此之高，特别是智能手机、平板电脑、可穿戴设备，智能手机中包括麦克风、光电传感器、距离传感器、重力传感器、磁力计、陀螺仪、指纹传感器、霍尔传感器等 MEMS，可穿戴设备中包括心率传感器、温度传感器、磁力计、气压传感器、血氧传感器、皮肤电导传感器等。因此，这些传感器的消费量非常多，如果能进一步集成多种传感器单位、提升传感器的敏感度，可以将智能电子产品、智能医疗甚至智联网提升到更高的层次，让人们有更好的智能体验。

此外，随着智能时代的来临，全球对智能汽车、车联网的需求越来越大。因此，汽车电子的热度越来越高，其中汽车 MEMS 占据汽车电子量越来越大。目前，全球平均每辆汽车包含 10 个传感器。在高档汽车中，每辆汽车采用 25~40 个 MEMS 传感器，车越好，MEMS 就越多。这是因为 MEMS 很好地满足了汽车工作环境苛刻、可靠性高、精度准确、成本低的要求。汽车电子中的 MEMS 包括麦克风、加速度计、陀螺仪、电子罗盘、气压计、超声波传感器、激光测距仪、雷达传感器等。未来这些传感器的发展方向就是更高的可靠性、更高的敏感度、更优化的车联网设计。

随着电子产品的集成度越来越高，对 MEMS 也提出了更高的要求，希望能够感测到多个物理信号，但体积不改变甚至更小、成本更低，从而让用户获得更加丰富的智能化体验。在未来，MEMS 会更加注重构建完善的电子生态系统，将传感器及其电子元器件、配套软件集成在一起，使系统集成公司能够更友好地使用和开发系统。

目前，我国 MEMS 相关企业仍处于对单个器件的开发和产业化阶段、小批量生产、成本高。因此，建造更多的 MEMS 制造平台，开发和固化 MEMS 封装标准化工艺进行大批量生产，开发 MEMS 制造和封装新型工艺是满足各种 MEMS 批量制造需求的方法。

第八章　封装中的测试
——“试衣找茬”

将芯片和元器件等封装完成之后，就成为了我们日常生活中的各种电子产品。通常可以将这些产品分为六大类：汽车系统、计算机和商务设备、通信产品、消费类电子产品、工业和医疗电子产品、国防和航空电子产品。在这些产品被使用之前，必须对电子产品进行一系列的测试，以保证具备正常的使用期限。这个测试过程就如我们在穿好衣服之后，要去镜子前检查一下衣服是否合身，在仔细检查之后发现不太合适，或者不太美观，就会换一件衣服，直到非常满意后才会出门。

本章主要是讲解在将芯片集成封装成为一个完整系统的过程中，对芯片和封装产品进行的功能、可靠性等测试。测试完成后，当其可以完整实现设计功能时，便可以应用到各种产品中，否则需要“回炉重造”，直到实现所有功能。从芯片制造，到后来对芯片进行封装和应用于产品，都要进行测试。接下来我们便开始讲解如何检查“穿衣是否得体”，介绍在封装过程中进行功能、可靠性等测试的原因和方法。

测试定义及分类

测试是依据被测器件（Device Under Test，DUT）的特点和功能，给 DUT 提供测试激励，通过 DUT 的测试输出与期望输出做比较，从而判断 DUT 是否合格。测试主要是为了保证芯片和封装体的质量，对芯片和封装体进行电

学、老化和应力等测试，以此检验芯片和封装体是否有故障，确保芯片和封装体能够发挥其应有的功能。在芯片制造和封装的过程中，芯片在不同阶段所要做的测试如图 8.1 所示，在芯片制作完成和芯片封装完成后都需要进行必要的测试，以此来筛选出不良产品。随着科学技术的发展，芯片的功能也日益强大，芯片集成度也越来越高，一些高性能计算机上甚至有着成千上万颗芯片。如此大规模的芯片造成随之而来的问题芯片也很多，问题芯片对系统的稳定性和可靠性造成了威胁，因此如何快速高效的测试和筛选是封测行业共同面临的挑战。

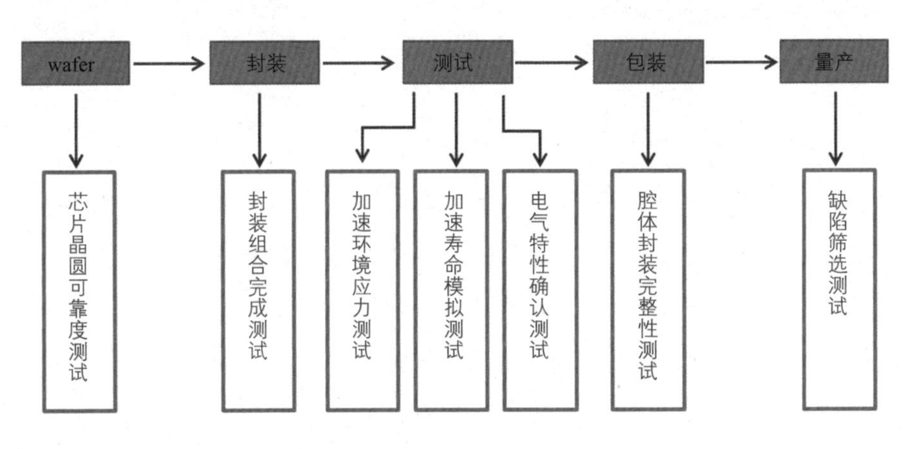

图 8.1　芯片在不同阶段做的测试

既然测试是芯片工作之前非常重要的步骤，了解测试的分类并选择合适的测试，是在设计芯片之初就应该完成的。因此，下面着重介绍一下测试的分类。按照测试具体内容分类，包括电气测试、老化测试、应力测试。按照被测器件的类型，芯片测试分为数字电路测试、模拟电路测试和混合电路测试，其中数字电路测试是芯片测试的基础，因为电子产品中大部分芯片都包含数字信号。数字电路测试又分为直流测试、交流测试、功能测试。按照被测器件分类，包括晶圆测试、芯片测试、封装测试。按照测试属性分类，包括物理外观测试、功能测试、化学腐蚀开盖测试、可焊性测试、直流参数测试（电气测试）、无损内部连线测试、失效分析验证测试等。

此外，按照测试芯片的数量分类，芯片测试包括抽样测试和生产全测。抽样测试，包括设计过程中的验证测试、芯片可靠性测试、芯片特性测试等，

主要目的是为了验证芯片是否符合设计目标。验证测试就是从功能方面来验证是否符合设计目标，可靠性测试是确认最终芯片的寿命是否对环境会有一定抵抗能力，而特性测试验证设计的冗余度。生产全测是需要100%的样品全部进行检测，测试的目的就是为了去除残次品，剩下良品。这种测试也被称为成品测试。

下面详细地介绍一下按照内容分类的三种测试，包括电气测试、老化测试、应力测试，因为其他很多分类方法都包含在电气分类之中。

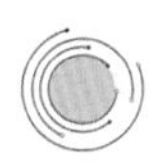

电气测试

1. 电气测试定义及测试内容：电气测试指的是检测被测器件或系统的电学性能是否满足要求，具体检测的是芯片上、芯片与互连线、芯片与电路板互连线之间的开路、短路、参数漂移、电阻变化等不正常电学性能。具体到直流测试参数包括漏电流测试、转换电平测试、输出电平测试、电源消耗测试等。具体到交流测试参数包括上升和下降时间、传输延迟、建立和保持时间、存储时间等。具体到功能测试测试参数包括静态测试和动态测试，静态功能测试是按照数字电路真值表，发现固定型障碍；动态功能测试是在接近或高于器件实际工作频率的情况下验证器件的功能。

晶圆电气测试通常在芯片划片之前，在晶圆上进行一次性电学测试。芯片上电气测试是在芯片划片之后进行的电学性能测试，针对芯片一个个完成。测试设备通常是测试厂商自行开发制造或定制的，一般是将芯片放在测试平台上，用探针连接到事先设计好的测试点，再在探针上通过直流电流和交流信号，就可以实现芯片的各种电气参数测试。对于不同的场景需要不同的测试，针对良率高、成本低的芯片，就可采取芯片测试；对于成品率低、芯片面积小、封装成本高的芯片，就应该采用晶圆测试，最好在划片前就发现不良品予以剔除。

2. 电气故障和测试技术：电路中经常会出现一些故障，如开路故障、接桥故障、晶体管和电阻桥部分导通故障等，这些故障出现的频率较高。然后电路中出现的故障根据时间的稳定性，还可以分为以下三种：① 永久的故障，互连开路和永久连接到GND或VDD；② 间歇故障，如辐射引起的故障，

该故障只会在个别的时间段内发生；③ 瞬时故障，通常是由环境引起的变化而导致“暂时性”的故障出现，也可以称为一次性故障。

如今，随着集成电路产业的飞速发展，当今集成电路芯片甚至包含上百亿个晶体管，如果每一个晶体管都需要进行验证测试，这无疑大大增加了功能测试的复杂性。随着复杂性的提高，测试的成本也会随之提高，包括测试图生成的成本、故障模拟的成本和测试设备的成本，甚至最后测试成本已经赶超了生产成本，这显然不符合企业降低成本的理念。经过研究发现，可以在设计阶段时就把测试结构并入电路中，使用这个方法能够有效降低成本，这种方法也被称为可测性设计（DFT）。DFT 技术可用来加强电路的可测性、可控性和可观察性。DFT 技术的优点是不仅可以降低测试成本，还可以拥有更好的覆盖率。缺点就是增加了芯片上电路测试面积和 I/O 引脚数目。

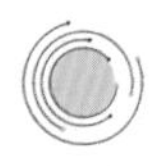

老化测试

除了电气测试，芯片的可靠性决定了产品的使用寿命。因此，在芯片制作完成后需要对其进行一系列的可靠性加速实验，这一系列的测试我们称之为老化测试。浴盆曲线是在工业界广泛应用的并对大多数电子产品适用的故障率随时间变化曲线。在一批产品中，不合格的产品在投入使用后很快就会失效，这就是产品的早期失效期。安全度过早期失效期的产品失效率迅速降低并进入正常使用期，这称作偶然失效期。而经过相当长一段使用时间后，产品故障率陡然上升，称为损耗失效期。绝大多数进入正常使用期的的产品可以达到预期的使用寿命直到开始损耗老化，进入损耗失效期。

因此，早期失效的产品是最可怕的。为了剔除在早期故障期就会失效的不合格产品，在交付客户使用之前电子产品需要通过老化测试以确保产品的可靠性和合格率。老化测试中产品处在高温高压附加电压等极端条件下，从而加速产品损坏速度，快速有效地发现并剔除早期失效的产品。老化测试中收集到的产品故障统计结果还可用于预测产品使用寿命、改进产品设计等。

常用的老化测试有静态老化、动态老化和带有实时功能监测的动态老化三种。静态老化测试是指简单向电子元器件施加极端的温度和电压，不施加输入信号。静态老化通常可分成低负荷状态和高负荷状态两个阶段。电学性

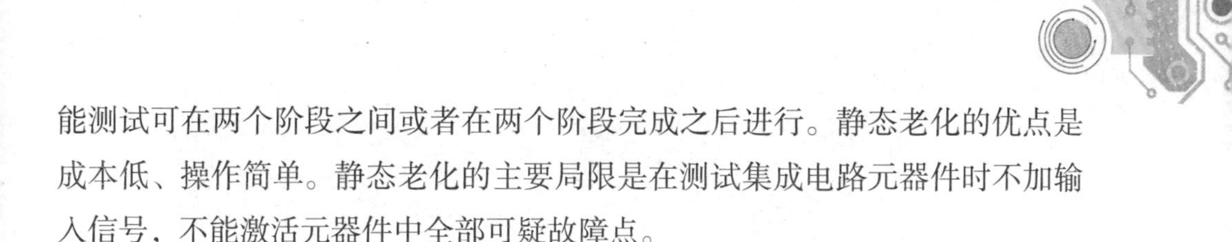

能测试可在两个阶段之间或者在两个阶段完成之后进行。静态老化的优点是成本低、操作简单。静态老化的主要局限是在测试集成电路元器件时不加输入信号，不能激活元器件中全部可疑故障点。

动态老化测试是指电子元器件暴露在极端的温度和电压下，同时对电子元器件输入各种信号以模拟工作状态。动态老化的优点是能够对电子元器件的内部电路进行加载，从而诱导出工作状态下的故障。动态老化的局限性是还无法完全模拟实际使用过程中遇到的真实情况。

带有实时功能监测的动态老化测试可以实时监测主要输出数据，以验证器件和设备是否处于正常工作状态。这种类型的老化测试可快速确定产品失效与时间的关系，并以此优化老化测试的设计。

老化测试的常见故障有介电故障、导体故障和金属涂层故障等。这些故障在加速老化条件下会使产品短期内失效。

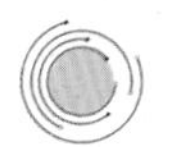

应力测试

除了电气测试和老化测试，现在集成电路系统集成度越来越高、功能越来越多、芯片种类越来越复杂，封装体中多种材料的热膨胀系数不匹配导致的热应力经常会导致产品可靠性降低，与应力相关的损伤不断增多，成为器件失效的原因之一。因此，应力参数的测试与分析是保证芯片与封装可靠性的关键之一，需要对芯片与封装进行一系列的应力测试。主要使用的应力测试方法有压力试验、剪切力测试和拉伸测试。

芯片剪切力实验的意义，就是通过剪切测试评估该芯片或封装体的抗剪切性能。接下来便以测试凸点的剪切力性能为例，介绍一下剪切力测试的实验过程。芯片凸点剪切力测试设备应该使用校准的负载单元，设备的最大负载能力应大于凸点最大剪切力的 1.1 倍，剪切劈刀的受力面宽应达到凸点直径 1.1 倍以上。设备应能提供并记录详细施加于凸点侧面的剪切力，也能对负载提供规定的移动速率，图 8.2（a）所示是一台半自动的剪切力测试设备。

在芯片剪切力测试设备上安装剪切工具和试验样品，使芯片表面可以平行于剪切工具，如图 8.2（b）所示。做好一系列准备工作后，便可以进行剪切力实验。

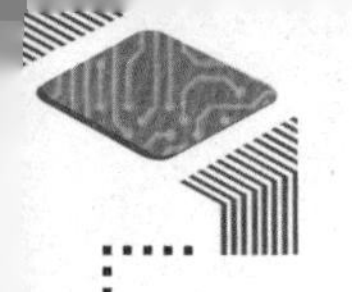

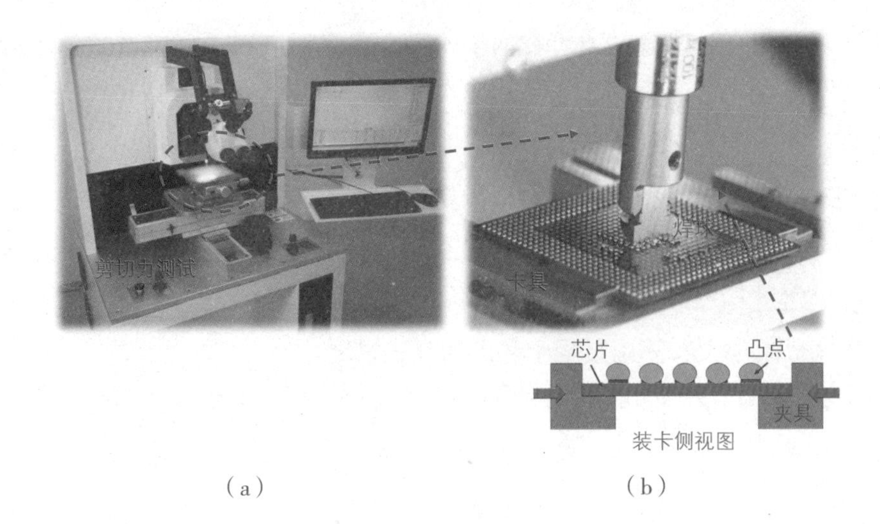

（a）　　　　　　（b）

图 8.2　应力测试

（a）剪切力测试设备；（b）焊球剪切。

在做完剪切力试验后便可对其进行剪切强度和断裂模式进行分析。如果剪切强度没有达到设计要求，就需要分析原因，进行重新设计及修正。凸点剪切失效一共有四种模式，分别是：凸点韧性失效、UBM 抬起、凸点抬起和界面破裂。一般情况下，使用光学显微镜观察就可以评估失效模式。如果出现比较低的凸点剪切力值或多种失效模式，应该对断裂面进行详细的检查。

除了对芯片 / 封装进行剪切力测试，芯片 / 封装的拉脱力测试也是一项重要的应力测试内容。越多的测试环节就能越早发现有缺陷的芯片 / 封装，但也会相应增加测试成本。因此，根据实际需要，剪切力测试是引线键合、倒装芯片、BGA 封装、表面贴装等封装形式常采用的应力测试方法。

可靠性测试

封装流程结束后，需要对封装体的质量和可靠性进行测试。封装质量检测主要检测封装后芯片的可用性，即封装后的性能情况。质量测试可以通过前面的电气测试、应力测试等完成。而可靠性测试就是对封装的可靠性相关参数的测试，这是一个与时间相关的测试内容。

产品的好坏，主要是由市场、性能和可靠性来决定的。在产品的开发前期，首先需要对市场进行充分调研，才能定义出符合客户需求的产品；其次

才是性能，设计工程师设计出来的芯片和电路需要经过设计仿真、电路验证、实验室制备样品评估等步骤，才可以认为性能符合客户的需求。最后才是可靠性测试，可靠性测试的目的是为了保证产品递交到客户手中时，它可以正常使用。因此，进行一系列较为严苛的可靠性测试，筛选出初期容易损坏的元器件是非常重要的。

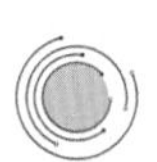

可靠性的重要性

如今电子产品随处可见，比如手机、电视、汽车，这些产品都离不开电子元器件及其封装的支撑。除了民用电子产品以外，电子元器件在医疗、航空和军事等领域同样有着非常广泛和深入的应用。电子元器件的可靠性是非常重要的，特别是在汽车电子、航空航天等领域。办公室里电脑发生故障，会给工作带来不便。但航空航天、国防等领域中电子产品故障可能会致命。例如喷气式飞机的电子导航系统出现故障，乘客和机务人员将会有生命危险。导弹、战斗机和原子弹等武器的导航和控制电子元器件发生任何故障和错误，可能引发一场战争。因此应用在航空航天、国防等领域的电子器件的可靠性尤为重要。图 8.3 总结了不同领域期望电子元器件所的可靠性时间，其中航空航天、军事领域要求的可靠性时间最长，手机等要求可靠性时间最短，仅仅 5~6 年，实际大部分年轻人对手机的可靠性要求也就 1~2 年。

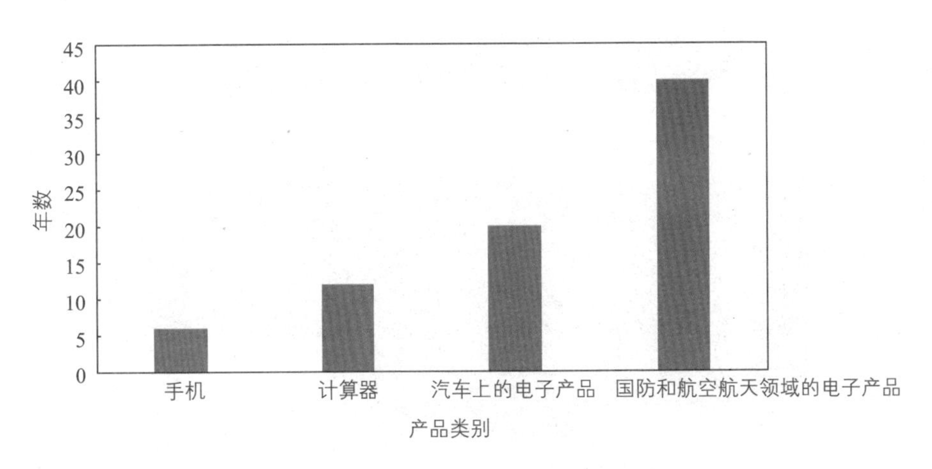

图 8.3　电子器件预期的可靠性与稳定性

失效模式及其机理

虽然失效发生在底层元器件上，但会影响到整个系统，如计算机不能启动、电视机不能显示图像，这是高层系统级的症状，但根本原因可能是热应力导致的芯片裂纹或者由于腐蚀导致互连开路，还有可能是潮湿或静电放电导致的短路。无论是哪种原因，最终的结果是整个系统不能正常工作或者变得不可靠。

所有失效的最终表现都是电气失效，但根本原因可能是热、电、机械、化学这些因素的共同作用。图 8.4 总结了封装系统的大部分失效机理，可以看出，失效机制可粗略分为三种：机械失效、电学失效和化学失效。机械失效是由于应力超过元器件的强度（材料强度、键合强度、粘附强度等）极限而引起的失效。电学失效是指由于各种原因导致的电学故障而发生的器件失效。化学失效是指由于发生化学反应引起的器件失效，从而导致整个系统失效。下面就分别对这三种失效的具体内容进行分析。这就像芯片的“衣服破了”，需要找出“破”的原因，才能有的放矢地修改“衣服”，不论是改变材料，还是改变结构和工艺，从而提高“衣服”的质量。

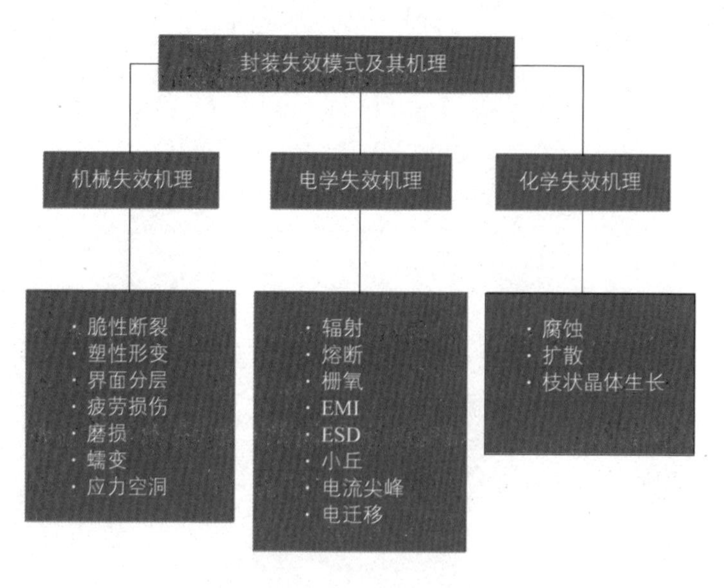

图 8.4　封装的失效机理

1. 热形变失效：热形变失效是指由于环境温度的变化或工作期间系统内部热效应引起的热应力和应变导致器件变形失效。随着封装集成密度急剧增加，系统中集成的芯片数目不断增多（类似于屋子里人数增多，室内温度就会升高），导致封装体工作温度大幅度提高，而温度升高会缩短封装结构的热疲劳寿命，严重影响产品的可靠性。人们在一次次事故的分析中逐渐认识到了这一问题，并依据不断积累的经验对其研究。研究发现封装结构在使用过程中，工作状态与待机状态不断切换，功率周期性变化引起温度变化，从而对封装结构产生循环热载荷，导致产生热形变失效。与此同时，各结构材料的热膨胀系数不同引起的热膨胀失配，也导致了焊点等内部结构产生循环应力应变，并最终造成失效。研究也表明，70% 的电子元器件失效是由封装及组装结构失效所引起的，且在封装及组装结构的失效中，绝大多数又是由焊点失效所引起的。

下面通过如图 8.5 所示的结构来具体说明焊点所承受的热形变。在图中，倒装芯片或者芯片通过焊点与基板连接。图 8.5（a）表示在温度 T_0 时将芯片和基板焊接在一起，此时没有热应变。由于环境温度或工作温度的变化，温

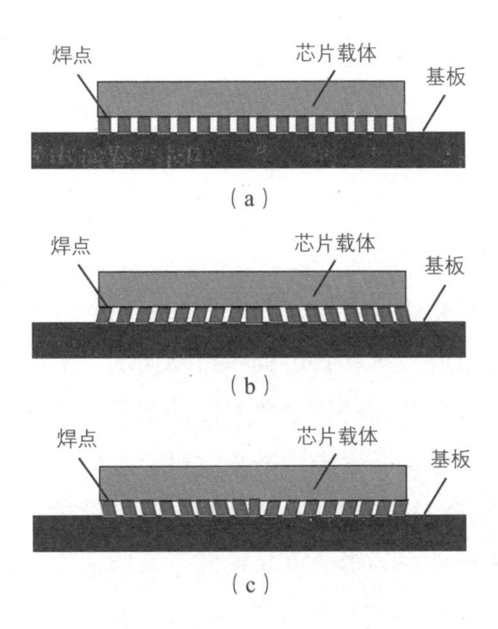

图 8.5　焊点的热形变示意图

（a）无应力或参考温度（T_o）；（b）温度升高到 T_{max} 时的形变；（c）温度下降到 T_{min} 时的形变。

度由 T_0 上升到 T_{max}，如图 8.5（b）所示。这是因为存在器件和基板的膨胀系数不匹配，热应力引起焊点的剪切形变。反之，当温度从 T_0 降到 T_{min} 时，焊点的剪切形变方向就会与图 8.5（b）所示相反，如图 8.5（c）所示。因此焊点就会在升温降温中不断承受拉伸压缩的应力，也会反复承受变形，最终因热变形发生失效。

从导致焊点热形变失效的根本原因出发，提升焊点疲劳寿命的研究目前主要集中在以下几个方面：

① 通过研发新型的基板材料改变基板的热膨胀系数，减小基板与其他封装结构的热膨胀失配，从而减小焊点内部的应力应变，延长焊点使用时间。

② 通过开发新型焊料提升焊点自身力学性能，包括对焊料本构关系和失效机制的理论研究，及焊点强度与自身几何形态的关系、优化尺寸设计，以提升封装结构的可靠性。

③ 通过底部填充下填料加固焊点结构，包括对下填料的材料性能研究，及其粘合特性与几何形态关系的研究，并分析这些特性对焊点使用时间的综合影响。

④ 通过对封装进行热设计，优化封装结构布局，从而减少封装体工作的温度变化，即通过优化整体温度和应力应变情况，来降低焊点承受载荷，间接地提升焊点的使用时间。

⑤ 开发预测焊点结构热形变失效的相关理论和预测方法，包括对失效机制的分析以及失效时间的预测，建立更精确的预测模型，指导相应结构的设计。

2. 电学失效：科研工作者对焊点可靠性问题已经进行了漫长而广泛的研究。但是随着集成电路技术和封装技术持断向前发展，不断会有新系统、新结构、新工艺和对应的新问题摆在我们面前。例如早期采用焊料凸点进行芯片和基板的互连，几乎不会考虑到电流对可靠性问题的影响，然而随着电子器件小型化，互连导线越来越细，其承载电流密度也越来越高，电流作为一种载荷已经不可避免地成为影响可靠性的重要因素。例如对于封装互连中的金属间化合物（IMC），一方面电流载荷对其生长演化起到了重要的作用；另一方面，随着焊点尺寸不断减小，IMC 层厚度及形貌对焊点可靠性也产生了明显的影响。

不仅仅是电流载荷使元器件产生的失效称为电学失效，像热形变失效、化学引起的失效等最终都表现为电气失效，所有产品的失效最终都是表现在电学性能改变。因此，有必要区分是由电致过载引起的失效还是其他原因引起的电气失效。电致过载包括电压或电流过高、非正常静电放电、电迁移和击穿等。下面将介绍一些关于如何预防电致过载的方法。

静电放电（Electrostatic Discharge，ESD）指的是静态电荷在存在电势差的物体间转移，而引起物体间存在电势差的原因是直接接触或者存在静电场。当这种静电通过IC芯片/封装体，如果没有很好的ESD保护释放和转移电流，瞬间的放电可能将引起元器件结点的温度升高至材料的熔点，这会引起结点和互连线损坏。可以采取以下准则来减少ESD引起的失效：使用导电衬垫以及导电的地板，这样可以防止静电积累导致器件损坏；将空气离子用于需要ESD保护的区域，工艺过程中空气离子会中和绝缘介质上的静电荷；所有的设备连接地线，并定期检查；存储和运输期间，使用抗静电泡沫塑料比普通泡沫塑料更能保护对ESD敏感的器件；静电报警器和静电伏特计可以用于测量和控制元器件的静电起电。

3. 化学失效：化学失效是指电子产品因受到化学腐蚀、电化学腐蚀，或材料出现老化、变质而造成的失效。镀层金属、焊盘、金属引线、互连线的腐蚀是最常见的化学失效模式。腐蚀是电化学反应的结果，当金属与含有离子的水接触时，就会发生电化学反应。腐蚀是从金属氧化开始的，金属失去电子，成为正离子，生成的可溶性金属离子溶解在水里，金属是因为氧化和水导致的损耗。典型的案例：Cu互连线在潮湿的环境中不断被腐蚀，首先是Cu失去电子被氧化变成二价Cu离子，空气中的氧气和水蒸气得到电子，生成氢氧根，因此腐蚀就会不断地发生。不只是电化学反应，还有材料间扩散和枝状晶体生长等化学过程也可能会引起过孔、走线和互连线断裂，最终导致电气失效，因此这些都是化学失效。温度、电压和应力的增大将加速化学反应，因此化学失效要与电、热和机械激励密切联系在一起考虑，从而分析出最重要的失效机理。

可靠性的综合测试方法

从经济学的角度考虑，用几年的时间来测试产品可靠性显然是不可行的。为了降低成本、缩短开发周期、提高可靠性，封装技术必须能够有效地降低设计、可靠性分析、实验及质量认证各环节的成本。目前，可以通过以下两种方法来确保封装后的电子产品能正常可靠的运行：第一种方法，在设计时预先考虑产品的可靠性，通过模拟仿真等方法预先测试产品的可靠性；第二种方法，在产品设计、制造、封装之后，对产品进行可靠性加速实验，比如热老化、热循环等方法。

第一种方法可以预测各种可能的失效模式及其机理。通过更换材料或者改善工艺条件来优化可靠性，从而减少或消除失效隐患。在系统制造和测试之前，就完成可靠性的预先设计和优化，这种方法称作可靠性设计。以仿真预测铜柱凸点的疲劳寿命为例，对第一种方法进行讲解：为了获得高可靠性、高密度铜柱凸点的互连，对铜柱凸点的疲劳寿命进行预测。首先建立铜柱凸点部分的有限元模型，然后对其进行温度循环仿真，共设置五次循环，温度范围为 -65~150℃，升温和降温时间均为 15 min，保温时间为 10 min。在仿真完成后，对铜柱凸点模型的结果进行分析，提取凸点危险点的蠕变应变及应力随时间变化的值。蠕变仿真主要计算的是温度循环变化过程中，应变随着时间增加而不断累积。随着升温、降温及保温不断循环，应变呈现阶梯上升的趋势，最终累积到 0.117 ppm。然后根据相关理论和公式便可预测铜柱凸点的疲劳寿命。

第二种方法是在产品完成制造和封装之后进行，主要是在短时间内对产品施加高温、高湿度、高压强和高功率等负荷进行加速环境测试，如热循环、温湿循环、功率循环等，从而加快失效，这种方法称为可靠性测试。

对于新产品的可靠性来说，晶圆、封装、包装和量产阶段的可靠性通常由对应的晶圆厂、封测厂把控，需要保证与旧产品之间的可靠性差异不大。新产品的可靠性需要重点关注的就是成品测试阶段的可靠性实验，下面针对这些可靠性实验进行简单介绍。

（1）高加速寿命试验（Highly Accelerated Life Testing，HALT）：这是一

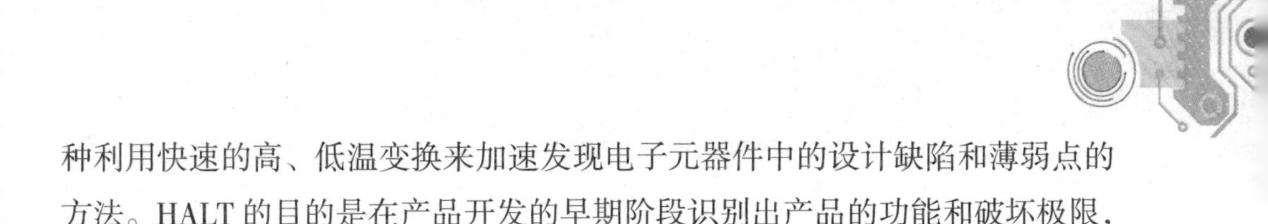

种利用快速的高、低温变换来加速发现电子元器件中的设计缺陷和薄弱点的方法。HALT 的目的是在产品开发的早期阶段识别出产品的功能和破坏极限，从而优化产品的可靠性。

（2）加速环境应力测试（Highly Accelerated Stress Test，HAST）：这是一种设置逐级递增的加速环境压力，来加速发现电子元器件中的设计缺陷和薄弱点的方法。最大特点就是设置高于样品设计运行极限的环境压力，从而提早暴露设计缺陷。

（3）温度循环测试（Temperature Cycling,TC）：以 5~15℃/min 的温变率，设置做一连串的高、低温循环测试，此试验并非真正模拟实际情况。检测元器件在高低温交替变化下承受机械应力的能力。TC 与 HALT 的区别在于高低温速度变化慢。主要检测的是可靠性与高低温温度值、平衡时间、转换时间及循环次数的关系。

（4）高温保存寿命试验（High temperature storage life test，HTSL）：将器件在高温下烘烤一定的时间，测试元器件失效情况。一般保存温度为 150℃时，保温时间设置 1000 h；保存温度为 175℃时，保温时间设置 400 h；保存温度为 250℃时，保温时间设置 72 h。测试完成后，测试相关性能，如未发现失效，则可靠性满足要求。

（5）加速寿命模拟测试（High Temperature Operation Life，HTOL）：主要是测试一段时间的电气偏差和高温处理对元器件的影响，这样在正常工作的寿命期间潜在的固有故障会被加速，就可以在相对比较短的时间内模拟出产品的正常使用寿命。HTOL 评估可使用期的寿命时间，一般需要测试 1000 h，属于抽样测试。

除以上测试之外，还包括早期失效测试（Early Life Failure Rate，ELFR）、非易失性存储器耐久试验（Endurance Data Retention，EDR）、电气特性确认测试、人体放电模型测试（Human-Body Model，HBM）、充电器件模型测试（Charged Device Mode，CDM）、锁定效应（Latch up，LU）。IC 芯片除了设计、流片、封装测试外，必须进行以上所述的可靠性验证。正常完成一批可靠性试验至少需要 2 个月，而厂家至少需要进行三批可靠性测试，产品可靠性验证才能真正完成。此外，很多可靠性测试项需要在第三方实验室进行测试，用于验证可靠性。只有经过长时间的多项测试，才能保证客户使用的芯片及

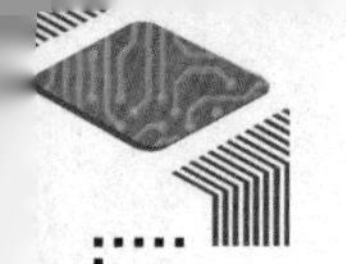

封装足够可靠。因此，可靠性测试也是芯片生命周期中不可或缺的一部分。

可靠性测试完成后，检测缺陷的方法主要包括：① 光学显微镜，检查封装平平整、表面缺陷、引线偏高、键合不良、粘片位置不对、芯片腐蚀、焊料不足/错位、芯片碎裂等；② X 射线显微镜，无损检测封装不平整、未对准、引线变形、脱落、焊球与焊盘未对准、空洞等；③ 声学显微镜（超声扫描显微镜），无损检测模塑料的孔洞/异物、界面裂纹/分层/未键合、芯片裂纹、芯片粘结有空洞；④ 扫描电镜，制作截面样品观察内部实际结构，用于验证无损检测的失效位置，研究失效原因等。

完备的可靠性测试内容，加上合理的检测缺陷手段，是保障芯片及封装等元器件可靠性的关键，也是优化设计、提升可靠性的前提。

参考文献

[1] 曹正 . SiC 功率器件的封装测试与系统集成［M］. 北京：科学出版社，2020.

[2] 冯锦锋，郭启航 . 芯路［M］. 北京：机械工业出版社，2020.

[3] 吕坤颐，刘新，牟洪江 . 集成电路封装与测试［M］. 北京：机械工业出版社，2019.

[4] 王哲 . 三维集成技术［M］. 北京：清华大学出版社，2014.

[5] 吕红亮，李聪 . 微电子专业英语［M］. 北京：电子工业出版社，2012.

[6] 中国电子学会生产技术学分会丛书编委会 . 微电子封装技术［M］. 北京：中国科学技术大学出版社，2005.

[7] Rao R. Tummala. 微系统封装基础［M］. 黄庆安，译 . 南京：东南大学出版社，2005.

[8] 梁军 . 黑色氧化铝陶瓷封装材料及叠层工艺研究［D］. 武汉：华中科技大学，2007.

[9] 肖克来提 . 无铅焊料表面贴装焊点的高温可靠性研究［D］. 上海：中国科学院上海冶金研究所，2001.

[10] Richard K. Ulrich，William D. Brown. Advanced Electronic Packaging（2nd Edition）［M］. USA：Wiley，2006.